建筑与市政工程施工现场专业人员继续教育教材

BIM在施工项目管理中的应用

中国建设教育协会继续教育委员会　组织编写
李晓文　主编

中国建筑工业出版社

图书在版编目（CIP）数据

BIM 在施工项目管理中的应用/ 中国建设教育协会继续教育委员会组织编写. —北京：中国建筑工业出版社，2016.2

建筑与市政工程施工现场专业人员继续教育教材

ISBN 978-7-112-19062-1

Ⅰ.①B… Ⅱ.①中… Ⅲ.①建筑设计-计算机辅助设计-应用软件-继续教育-教材 Ⅳ.①TU201.4

中国版本图书馆 CIP 数据核字（2016）第 028577 号

本教材是建筑与市政工程施工现场专业人员继续教育教材之一，对建筑信息模型（BIM）项目管理全过程进行详细讲解，主要内容包括：BIM 战略与实施路径、施工方 BIM 项目管理平台、BIM 项目管理策划、BIM 项目管理实施、施工 BIM 应用分析。

本教材以企业岗位实际需求为出发点，内容简明扼要且实用性强，适用于现场专业人员继续教育培训，也可供 BIM 相关管理和技术人员参考。

责任编辑：朱首明　李　明　李　阳　周　觅

责任设计：李志立

责任校对：陈晶晶　赵　颖

建筑与市政工程施工现场专业人员继续教育教材

BIM 在施工项目管理中的应用

中国建设教育协会继续教育委员会　组织编写

李晓文　主编

*

中国建筑工业出版社出版、发行（北京西郊百万庄）

各地新华书店、建筑书店经销

北京红光制版公司制版

环球东方（北京）印务有限公司印刷

*

开本：787×1092 毫米　1/16　印张：6¼　字数：151 千字

2016 年 4 月第一版　　2016 年 4 月第一次印刷

定价：**18.00** 元

ISBN 978-7-112-19062-1

(28405)

建筑与市政工程施工现场专业人员继续教育教材编审委员会

参编单位：

中建一局培训中心

北京建工培训中心

山东省建筑科学研究院

哈尔滨工业大学

河北工业大学

河北建筑工程学院

上海建峰职业技术学院

杭州建工集团有限责任公司

浙江赐泽标准技术咨询有限公司

浙江铭轩建筑工程有限公司

华恒建设集团有限公司

序

建筑与市政工程施工现场专业人员队伍素质是影响工程质量、安全、进度的关键因素。我国从20世纪80年代开始，在建设行业开展关键岗位培训考核和持证上岗工作，对于提高建设行业从业人员的素质起到了积极的作用。进入21世纪，在改革行政审批制度和转变政府职能的背景下，建设行业教育主管部门转变行业人才工作思路，积极规划和组织职业标准的研发。在住房和城乡建设部人事司的主持下，由中国建设教育协会主编了建设行业的第一部职业标准——《建筑与市政工程施工现场专业人员职业标准》JGJ/T 250—2011，于2012年1月1日起实施。为推动该标准的贯彻落实，中国建设教育协会组织有关专家编写了考核评价大纲、标准培训教材和配套习题集。

随着时代的发展，建筑技术日新月异，为了让从业人员跟上时代的发展要求，使他们的从业有后继动力，就要在行业内建立终身学习制度。为此，为了满足建设行业现场专业人员继续教育培训工作的需要，继续教育委员会组织业内专家，按照《标准》中对从业人员能力的要求，结合行业发展的需求，编写了《建筑与市政工程施工现场专业人员继续教育培训教材》。

本套教材作者均为长期从事技术工作和培训工作的业内专家，主要内容都经过反复筛选，特别注意满足企业用人需求，加强专业人员岗位实操能力。编写时均以企业岗位实际需求为出发点，按照简洁、实用的原则，精选热点专题，突出能力提升，能在有限的学时内满足现场专业人员继续教育培训的需求。我们还邀请专家为通用教材录制了视频课程，以方便大家学习。

由于时间仓促，教材编写过程中难免存在不足，我们恳请使用本套教材的培训机构、教师和广大学员多提宝贵意见，以便我们今后进一步修订，使其不断完善。

中国建设教育协会继续教育委员会

2015年12月

前　言

近年来，建筑信息模型（BIM）的发展和应用引起了工程建设业界的广泛关注。各方一致认为其为引领建筑信息化未来的发展方向，必将引起整个建筑业及相关行业革命性的变化。

现代大型建设项目一般具有投资规模大、建设周期长、参加单位众多、项目功能要求高以及全生命期信息量大等特点，建设项目工程管理工作极具复杂性，传统的信息沟通和管理方式已远远不能满足要求。实践证明，信息错误传达或不完备是造成众多索赔与争议事件的根本原因，而BIM技术通过项目管理的工作平台以及三维的信息传递方式，可以为设计、施工一体化提供良好的技术平台，为解决建设工程领域目前存在的协调性差、整体性不强等问题提供可能。随着大型复杂项目的兴起以及BIM应用软件的不断完善，越来越多的项目参与方在关注和应用BIM技术，从而使BIM技术设计和项目管理的涵盖范围和领域也越发广泛。相信随着BIM相关理论和技术的不断发展，将更深远地影响建筑业的各方面。

国内BIM专家何关培通过研究得出结论：用BIM受益最大的是业主、用BIM贡献最大的是设计、用BIM动力最大的是施工。因为目前施工行业仍处于粗放式管理，浪费非常严重，美国行业研究院的研究报告中显示，工程建设行业的非增值工作（即无效工作和浪费）高达57%，而制造业这一数字仅为26%。通过BIM技术，可以很好地实现设计效果可视化、施工方案优化、4D施工模拟、可建性模拟、施工质量与进度监控、提高施工预算的精度和效率、支持预制加工、网上协同作业管理平台等功能，有效地提升效率，节约成本。BIM技术为建筑企业实现集约经营、项目精益管理提供了有效手段。

在住房和城乡建设部所公布的《2011～2015年建筑业信息化发展纲要》中建筑信息模型占有重要的地位。但是，在建筑信息化模型的研究和应用中只有做到多角度入手，以综合措施作为保障，才能使建筑信息模型充分地发挥其效能。好技术只有投入应用才能收效，好经验只有普及才能得利。为了让更多的企业和项目从中获益，本文从BIM项目管理平台、BIM管理策划实施、典型项目经验等几个方面汇编成册，供相关管理和技术人员借鉴参考。

本书由李晓文主编，彭飞、王博文参与编写。受编者水平和时间所限，不足之处，敬请指正，期待将来逐渐完善。

目　录

一、BIM 战略与实施路径

（一）中国 BIM 应用现状

根据国家“十二五”规划，建筑企业需要应用先进的信息管理系统以提高企业的素质和加强企业的管理水平。国家建议建筑企业需要致力加快 BIM 技术应用于工程项目中，希望借此培育一批建筑业的领导企业。

相比较其他国家，虽然 BIM 在中国的施工企业中刚刚起步，但正处于快速发展阶段，在能充分利用 BIM 价值的较大型企业中尤其如此。

近来 BIM 在国内建筑业形成一股热潮，除了前期软件厂商的大声呼吁外，政府相关单位、各行业协会与专家、设计单位、施工企业、科研院校等也开始重视并推广 BIM。

早在 2010 年，清华大学通过研究，参考 NBIMS，结合调研提出了中国建筑信息模型标准框架（Chinese Building Information Modeling Standard，简称 CBIMS），并且创造性地将该标准框架分为面向 IT 的技术标准与面向用户的实施标准。

2011 年 5 月，住房和城乡建设部发布的《2011～2015 建筑业信息化发展纲要》中明确指出：在施工阶段开展 BIM 技术的研究与应用，推进 BIM 技术从设计阶段向施工阶段的应用延伸，降低信息传递过程中的衰减；研究基于 BIM 技术的 4D 项目管理信息系统在大型复杂工程施工过程中的应用，实现对建筑工程有效的可视化管理等。

2012 年 1 月，住房和城乡建设部《关于印发 2012 年工程建设标准规范制订修订计划的通知》宣告了中国 BIM 标准制定工作的正式启动，其中包含 5 项 BIM 相关标准：《建筑工程信息模型应用统一标准》、《建筑工程信息模型存储标准》、《建筑工程设计信息模型交付标准》、《建筑工程设计信息模型分类和编码标准》、《制造工业工程设计信息模型应用标准》。其中，《建筑工程信息模型应用统一标准》的编制采取“千人千标准”的模式，邀请行业内相关软件厂商、设计院、施工单位、科研院所等近百家单位参与标准研究项目/课题/子课题的研究。至此，工程建设行业的 BIM 热度日益高涨。

1. 中国各地政府 BIM 相关政策

2011 年 5 月，住房和城乡建设部发布了《2011～2015 建筑业信息化发展纲要》，这拉开了 BIM 技术在中国应用的序幕。随后，关于 BIM 的相关政策进入了一个冷静期，即使没有 BIM 的专项政策，政府在其他的文件中都会重点提出 BIM 的重要性与推广应用意向，如《住房和城乡建设部工程质量安全监管司 2013 年工作要点》明确指出，“研究 BIM 技术在建设领域的作用，研究建立设计专有技术评审制度，提高勘察设计行业技术能力和建筑工业化水平”；2013 年 8 月，住房和城乡建设部发布《关于征求关于推荐 BIM 技术在建筑领域应用的指导意见（征求意见稿）意见的函》，征求意见稿中明确，2016 年以前政府投资的 2 万平方米以上大型公共建筑以及省报绿色建筑项目的设计、施工采用

BIM技术；截至2020年，完善BIM技术应用标准、实施指南，形成BIM技术应用标准和政策体系。

2014年，各地方政府关于BIM的讨论与关注更加活跃，北京、广东、山东、陕西等各地区相继出台了各类具体的政策推动和指导BIM的应用与发展。

以2014年10月29日上海市政府《关于在本市推进建筑信息模型技术应用的指导意见》简称《指导意见》正式出台最为突出。《指导意见》由上海市人民政府办公厅发文，市政府15个分管部门参与制定BIM发展规划、实施措施，协调推进BIM技术应用推广，相比其他省市主管部门发布的指导意见，上海市BIM技术应用推广力度最强，决心最大。《指导意见》明确提出，要求2017年起，上海市投资额1亿元以上或单体建筑面积2万平方米以上的政府投资工程、大型公共建筑、市重大工程，申报绿色建筑、市级和国家级优秀勘察设计和施工等奖项的工程，实现设计、施工阶段BIM技术应用。另外，上海市政府在其发布的指导意见中还提到，扶持研发符合工程实际需求、具有我国自主知识产权的BIM技术应用软件，保障建筑模型信息安全；加大产学研投入和资金扶持力度，培育发展BIM技术咨询服务和软件服务等国内龙头企业。

近年来我国的BIM相关政策见表1-1。

我国BIM相关政策 **表1-1**

发布单位	时间	发布信息	政策要点
住房和城乡建设部	2011.5.20	《2011～2015年建筑业信息化发展纲要》	十二五期间，基本实现建筑企业信息系统的普及应用，加快建筑信息模型（BIM）、基于网络的协同工作等新技术在工程中的应用，推动信息化标准建设，促进具有自主知识产权软件的产业化，形成一批信息技术应用达到国际先进水平的建筑企业
	2013.8.29	《关于征求〈关于推荐BIM技术在建筑领域应用的指导意见（征求意见稿）〉意见的函》	2016年以前政府投资的2万平方米以上大型公共建筑以及省报绿色建筑项目的设计、施工采用BIM技术；截至2020年，完善BIM技术应用标准、实施指南，形成BIM技术应用标准和政策体系；在有关奖项，如全国优秀工程勘察设计奖、鲁班奖（国家优质工程奖）及各行业、各地区勘察设计奖和工程质量最高奖的评审中，设计应用BIM技术的条件
	2014.7.1	《关于推进建筑业发展和改革的若干意见》	推进建筑信息模型（BIM）等信息技术在工程设计、施工和运行维护全过程的应用，提高综合效益。推广建筑工程减隔震技术。探索开展白图替代蓝图、数字化审图等工作
上海市人民政府办公厅	2014.10.29	《关于在本市推进建筑信息模型技术应用的指导意见》	目标：通过分阶段、分步骤推进BIM技术试点和推广应用，到2016年底，基本形成满足BIM技术应用的配套政策、标准和市场环境，本市主要设计、施工、咨询服务和物业管理等单位普遍具备BIM技术应用能力。到2017年，本市规模以上政府投资工程全部应用BIM技术，规模以上社会投资工程普遍应用BIM技术，应用和管理水平走在全国前列

续表

发布单位	时间	发布信息	政策要点
陕西省住房和城乡建设厅	2014.10	《陕西省级财政助推建筑产业化》	提出重点推广应用基于BIM（建筑信息模型）施工组织信息化管理技术
广东省住房和城乡建设厅	2014.9.16	《关于开展建筑信息模型BIM技术推广应用工作的通知》	目标：到2014年底，启动10项以上BIM技术推广项目建设；到2015年底，基本建立我省BIM技术推广应用的标准体系及技术共享平台；到2016年底，政府投资的2万平方米以上的大型公共建筑，以及申报绿色建筑项目的设计、施工应当采用BIM技术，省优良样板工程、省新技术示范工程、省优秀勘察设计项目在设计、施工、运营管理等环节普遍应用BIM技术；到2020年底，全省建筑面积2万平方米及以上的建筑工程项目普遍应用BIM技术
山东省人民政府办公厅	2014.7.30	《山东省人民政府办公厅关于进一步提升建筑质量的意见》	明确提出推广建筑信息模型（BIM）技术
北京质量技术监督局；北京市规划委员会	2014.5	《民用建筑信息模型设计标准》	提出BIM的资源要求、模型深度要求、交付要求是在BIM的实施过程规范民用建筑BIM设计的基本内容。该标准于2014年9月1日正式实施
辽宁省住房和城乡建设厅	2014.4.10	《2014年度辽宁省工程建设地方标准编制/修订计划》	提出将于2014年12月发布《民用建筑信息模型（BIM）设计通用标准》

2. BIM 国家级研究课题

(1) 国家自然科学基金项目“面向建设项目生命期的工程信息管理和工程性能预测”(2004 年 1 月～2006 年 12 月)

(2) 国家“十五”重点科技攻关计划课题：基于国际标准 IFC 的建筑设计及施工管理系统研究（2005 年 7 月～2006 年 12 月）

1）子课题 1：《工业基础类 IFC2x 平台规范》研究；

2）子课题 2：基于 IFC 标准的 CAD 软件原型系统研究与示范应用；

3）子课题 3：基于 IFC 标准的 4D 施工管理原型系统研究与示范应用。

(3) 国家“十一五”科技支撑项目课题：现代建筑设计与施工一体化平台关键技术研究（2007 年 1 月～2010 年 12 月）

子课题：建筑设计与施工一体化信息共享技术研究

(4) 国家“十一五”科技支撑项目课题：基于 BIM 技术的下一代建筑工程应用软件研究（2008 年 8 月～2010 年 12 月）

(5) 中国工程院和国家自然科学基金委联合课题“中国建筑信息化发展战略研究”

(2009年)

(6) 国家863课题：基于全生命期的绿色住宅产品化数字开发技术研究与应用(2013年～2016年)

(7) 国家自然科学基金项目“基于云计算的建筑全生命期BIM数据集成与应用关键技术研究”(2013年1月～2016年12月)

3. BIM标准、基础性及应用性研究成果

(1) 标准研究成果

1)《中国BIM标准框架》；

2) 国家标准《工业基础类平台规范》GB/T 25507—2010：等同采用国际标准《工业基础类2x平台规范》；

3)《建筑施工IFC数据描述标准》：扩展建筑施工IFC实体91个、IFC属性集126条，完成我国建筑施工管理IFC数据描述标准。

(2) 基础性研究成果

1) 基于IFC标准的BIM数据集成与管理平台：实现BIM数据的读取、保存、提取、集成、子模型定义、提取与访问等功能，支持设计与施工BIM数据交换、集成与共享；

2) 基于IFC标准的BIM建模系统：按照基于IFC的BIM体系架构和数据结构，开发了面向设计与施工的BIM建模系统。

(3) 应用性研究成果

1) 基于BIM的工程项目4D施工管理系统：实现了建设项目施工阶段工程进度、人力、材料、设备、成本和场地布置的4D动态集成管理以及施工过程的4D可视化模拟；

2) 基于BIM技术的建筑设计系统；

3) 基于BIM技术的建筑成本预算系统；

4) 基于BIM技术的建筑节能设计系统；

5) 基于BIM技术的建筑施工优化系统；

6) 基于BIM技术的建筑工程安全分析系统；

7) 基于BIM技术的建筑耐久性评估系统；

8) 基于BIM技术的建筑工程信息资源利用系统。

4. BIM在中国香港

香港房屋委员会(HA)是在中国香港负责发展和推行公共房屋计划的政府机关，他们对于建筑信息模型(BIM)的应用非常感兴趣，希望能够借着BIM来优化设计，改善协调效率和减少建筑浪费，从而提升建筑质量。香港房屋委员会利用BIM令设计可视化，并逐步推动BIM至各个阶段，使整个建筑业生命期，由设计到施工以至设施管理等连串业务相关者相继受惠。

香港房屋委员会的计划：在2014～2015年，将BIM应用作为所有房屋项目的设计标准。自2006年起，已在超过19个公屋发展项目中的不同阶段(包括由可行性研究至施工阶段)应用了BIM的技术。为了成功地推行BIM，自行订立BIM标准、用户指南、组建资料库等设计指引和参考。这些资料有效地为模型建立、管理档案，以及用户之间的沟通创造良好的环境。成功运用BIM技术的项目例子：苏屋楼宇拆卸项目、苏屋重建项目、葵涌9H区项目、启德1B区。

香港的 BIM 发展也主要靠行业自身的推动。早在 2009 年，香港便成立了香港 BIM 学会。

5. BIM 在中国台湾

自 2008 年起，“BIM”这个名词在中国台湾的建筑营建业开始被热烈的讨论，台湾各界对 BIM 的关注度也十分之高。

早在 2007 年，台湾大学与 Autodesk 签订了产学合作协议，重点研究建筑信息模型（BIM）及动态工程模型设计。2009 年，台湾大学土木工程系成立了“工程信息仿真与管理研究中心”（Research Center for Building & Infrastructure Information Modeling and Management，简称 BIM 研究中心），建立技术研发、教育训练、产业服务与应用推广的服务平台，促进 BIM 相关技术与应用的经验交流、成果分享、人才培训与产学研合作。为了调整及补充现有合同内容在应用 BIM 上之不足，BIM 中心与淡江大学工程法律研究发展中心合作，并在 2011 年 11 月出版了《工程项目应用建筑信息模型之契约模板》一书，并特别提供合同范本与说明，让用户能更清楚了解各项条文的目的、考虑重点与参考依据。高雄应用科技大学土木系也于 2011 年成立了工程资讯整合与模拟（BIM）研究中心。此外，交通大学、台湾科技大学等对 BIM 进行了广泛的研究，极大地推动了台湾对于 BIM 的认知与应用。

台湾有几家公转民的大型工程顾问公司与工程公司，由于一直承接政府大型公共建设，对于 BIM 有一定的研究并有大量的成功案例。

（二）国外 BIM 应用现状

BIM 最先从美国发展起来，随着全球化的进程，已经扩展到了欧洲、日本、韩国、新加坡等国家，目前这些国家的 BIM 发展和应用都达到了一定水平。

1. BIM 在美国的发展现状

美国是较早启动建筑业信息化研究的国家，发展至今，BIM 研究与应用都走在世界前列。目前，美国大多建筑项目已经开始应用 BIM，BIM 的应用点也种类繁多，而且存在各种 BIM 协会，也出台了各种 BIM 标准。根据 McGraw Hill 的调研，2012 年工程建设行业采用 BIM 的比例从 2007 年的 28%增长至 2009 年的 49%直至 2012 年的 71%。其中 74%的承包商已经在实施 BIM 超过了建筑师（70%）及机电工程师（67%）。BIM 的价值在不断被认可。

关于美国 BIM 的发展，不得不提到几大 BIM 的相关机构。

（1）GSA

美国总务署（General Service Administration，GSA）负责美国所有的联邦设施的建造和运营。早在 2003 年，为了提高建筑领域的生产效率、提升建筑业信息化水平，GSA 下属的公共建筑服务（Public Building Service）部门的首席设计师办公室（Office of the Chief Architect，OCA）推出了全国 3D-4D-BIM 计划。3D-4D-BIM 计划的目标是为所有对 3D-4D-BIM 技术感兴趣的项目团队提供“一站式”服务，虽然每个项目功能、特点各异，OCA 将帮助每个项目团队提供独特的战略建议与技术支持，目前 OCA 已经协助和支持了超过 100 个项目。

GSA要求，从2007年起，所有大型项目（招标级别）都需要应用BIM，最低要求是空间规划验证和最终概念展示都需要提交BIM模型。所有GSA的项目都被鼓励采用3D-4D-BIM技术，并且根据采用这些技术的项目承包商的应用程序不同，给予不同程度的资金支持。目前GSA正在探讨在项目生命期中应用BIM技术，包括：空间规划验证、4D模拟，激光扫描、能耗和可持续发展模拟、安全验证等，并陆续发布各领域的系列BIM指南，并在官网可供下载，对于规范和BIM在实际项目中的应用起到了重要作用。

GSA对BIM的强大宣贯直接影响并提升了美国整个工程建设行业对BIM的应用。

（2）USACE

美国陆军工程兵团（the U. S. Army Corps of Engineers，USACE）是公共工程、设计和建筑管理机构。2006年10月，USACE发布了为期15年的BIM发展路线规划（Building Information Modeling：A Road Map for Implementation to Support MILCON Transformation and Civil Works Projects within the U. S. Army Corps of Engineers），为USACE采用和实施BIM技术制定战略规划，以提升规划、设计、施工质量和效率，如图1-1所示。规划中，USACE承诺未来所有军事建筑项目都将使用BIM技术。

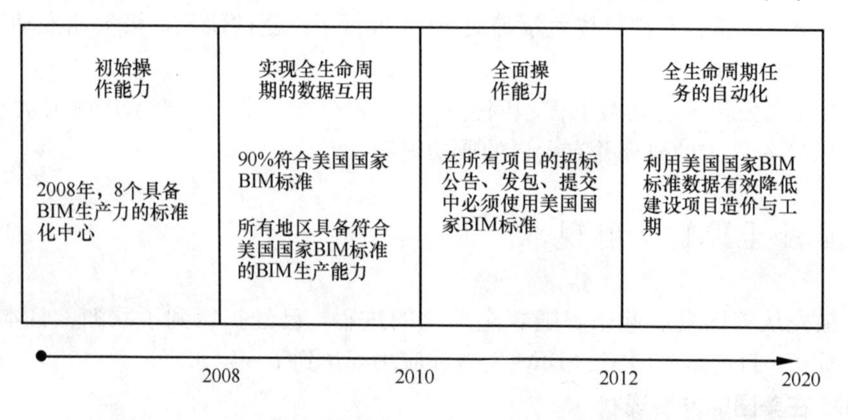

图1-1　USACE针对BIM、NBIMS及互用性的长期战略目标

其实在发布发展路线规划之前，USACE就已经采取了一系列的方式为BIM做准备了。USACE的第一个BIM项目是由西雅图分区设计和管理的一项无家眷军人宿舍（enlist unaccompanied personnel housing）项目，如图1-2所示，利用Bentley的BIM软件进行碰撞检查以及算量。随后2004年11月，USACE路易维尔分区在北卡罗来纳州的一个陆军预备役训练中心项目也实施了BIM。2005年3月，USACE成立了项目交付小组（Project Delivery Team，PDT），研究BIM的价值并为BIM应用策略提供建议。发展路线规划即是PDT的成果。同时，USACE还研究合同模板，制定合适的条款来促使承包商来使用BIM。此外，USACE要求标准化中心（Centers of Standardization，COS）在标准化设计中应用BIM，并提供指导。

在发展路线规划的附录中，USACE还发布了BIM实施计划，从BIM团队建设、BIM关键成员的角色与培训、标准与数据等方面为BIM的实施提供指导。2010年，USACE又发布了适用于军事建筑项目分别基于Autodesk平台和Bentley平台的BIM实施计划，并在2011年进行了更新。适用于民事建筑项目的BIM实施计划还在研究制定当中。

（3）BSA

图 1-2 无家眷军人宿舍 BIM 模型

BuildingSMART 联盟（BuildingSMART Alliance，BSA）是美国建筑科学研究院（National Institute of Building Science，NIBS）在信息资源和技术领域的一个专业委员会，BSA 致力于 BIM 的推广与研究，使项目所有参与者在项目生命期阶段能共享准确的项目信息。BIM 通过收集和共享项目信息与数据，可以有效地节约成本、减少浪费。因此，美国 BSA 的目标是在 2020 年之前，帮助建设部门节约 31%的浪费或者节约 4 亿美元。

BSA 下属的美国国家 BIM 标准项目委员会（the National Building Information Model Standard Project Committee-United States，NBIMS-US）是专门负责美国国家 BIM 标准（National Building Information Model Standard，NBIMS）的研究与制定。2007 年 12 月，NBIMS-US 发布了 NBIMS 的第一版的第一部分，主要包括了关于信息交换和开发过程等方面的内容，明确了 BIM 过程和工具的各方定义、相互之间数据交换要求的明细和编码，使不同部门可以开发充分协商一致的 BIM 标准，更好地实现协同。2012 年 5 月，NBIMS-US 发布 NBIMS 的第二版的内容（图 1-3）。NBIMS 第二版的编写过程采用了一个开放投稿（各专业 BIM 标准）、民主投票决定标准的内容（Open Consensus Process），因此，也被称为是第一份基于共识的 BIM 标准。

除了 NBIMS 外，BSA 还负责其他的工程建设行业信息技术标准的开发与维护，包括：美国国家 CAD 标准（United States National CAD Standard）的制定与维护，2011 年 5 月已经发布了第五版；施工运营建筑信息交换数据标准（Construction Operations Building Information Exchange ，COBie)，2009 年 12 月已经发布国际 COBie 标准，以及设施管理交付模型视图定义格式（Facility Management Handover Model View Definition formats）等。

2. BIM 在英国的发展现状

与大多数国家相比，英国政府要求强制使用 BIM。2011 年 5 月，英国内阁办公室发布了《政府建设战略（Government Construction Strategy)》文件，其中有一整个关于建筑信息模型（BIM）的章节，这章节中明确要求，到 2016 年，政府要求全面协同的 3D ·

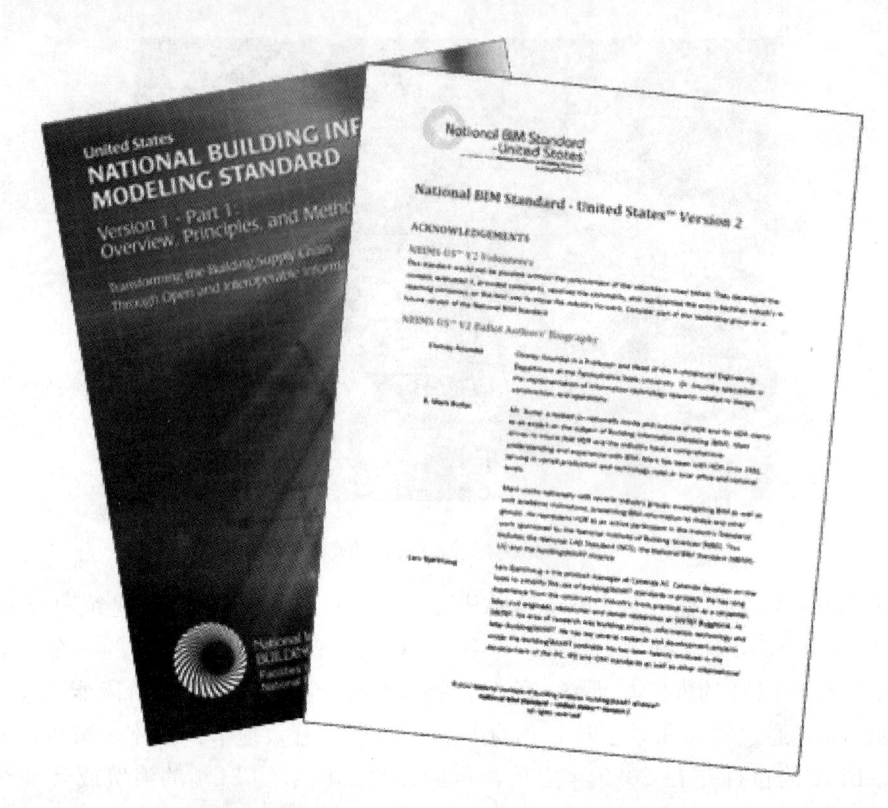

图 1-3　美国国家 BIM 标准第一版与第二版

BIM，并将全部的文件信息化管理。为了实现这一目标，文件制定了明确的阶段性目标，如：2011 年 7 月发布 BIM 实施计划；2012 年 4 月，为政府项目设计一套强制性的 BIM 标准；2012 年夏季，BIM 中的设计、施工信息与运营阶段的资产管理信息实现结合；2012 年夏天起，分阶段为政府所有项目推行 BIM 计划；至 2012 年 7 月，在多个部门确立试点项目，运用 3D、BIM 技术来协同交付项目。文件也承认由于缺少兼容性的系统、标准和协议，以及客户和主导设计师的要求存在区别，大大限制了 BIM 的应用。因此，政府将重点放在制定标准上，确保 BIM 链上的所有成员能够通过 BIM 实现协同工作。

政府要求强制使用 BIM 的文件得到了英国建筑业 BIM 标准委员会（AEC（UK）BIM Standard Committee）的支持。迄今为止，英国建筑业 BIM 标准委员会已于 2009 年 11 月发布了英国建筑业 BIM 标准（AEC（UK）BIM Standard）、于 2011 年 6 月发布了适用于 Revit 的英国建筑业 BIM 标准（AEC（UK）BIM Standard for Revit）、于 2011 年 9 月发布了适用于 Bentley 的英国建筑业 BIM 标准（AEC（UK）BIM Standard for Bentley Product）。目前，标准委员会还在制定适用于 ArchiACD、Vectorworks 的类似 BIM 标准，以及已有标准的更新版本。这些标准的制定都是为英国的 AEC 企业从 CAD 过渡到 BIM 提供切实可行的方案和程序，例如，该如何命名模型、如何命名对象、单个组件的建模、与其他应用程序或专业的数据交换等等。特定产品的标准是为了在特定 BIM 产品应用中解释和扩展通用标准中一些概念。标准委员会成员编写了这些标准，这些成员来自于日常使用 BIM 工作的建筑行业专业人员，所以这些服务不只停留在理论上，更能应用于 BIM 的实际实施。

2012 年，针对政府建设战略文件，英国内阁办公室还发布了《年度回顾与行动计划更新》的报告，报告显示，英国司法部下有 4 个试点项目在制定 BIM 的实施计划；在 2013 年底前，有望 7 个大的部门的政府采购项目都使用 BIM；BIM 的法律、商务、保险条款制定基本完成；COBie 英国标准 2012 已经在准备当中；大量企业、机构在研究基于 BIM 的实践。

英国的设计公司在 BIM 实施方面已经相当领先了，因为伦敦是众多全球领先设计企业的总部，如 Foster and Partners、Zaha Hadid Architects、BDP 和 Arup Sports，也是很多领先设计企业的欧洲总部，如 HOK、SOM 和 Gensler。在这些背景下，一个政府发布的强制使用 BIM 的文件可以得到有效执行，因此，英国的 AEC 企业与世界其他地方相比，发展速度更快。

3. BIM 在新加坡的发展现状

新加坡负责建筑业管理的国家机构是建筑管理署（Building and Construction Authority，BCA）。在 BIM 这一术语引进之前，新加坡当局就注意到信息技术对建筑业的重要作用。早在 1982 年，BCA 就有了人工智能规划审批（Artificial Intelligence plan checking）的想法，2000～2004 年，发展 CORENET（Construction and Real Estate NETwork）项目，用于电子规划的自动审批和在线提交，是世界首创的自动化审批系统。

2011 年，BCA 发布了新加坡 BIM 发展路线规划（BCA's Building Information Modelling Roadmap），规划明确推动整个建筑业在 2015 年前广泛使用 BIM 技术。为了实现这一目标，BCA 分析了面临的挑战，并制定了相关策略(图 1-4)。

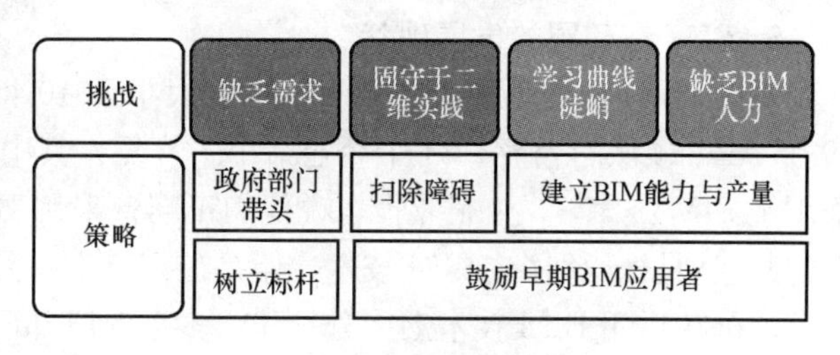

图 1-4　新加坡 BIM 发展策略

清除障碍的主要策略，包括制定 BIM 交付模板以减少从 CAD 到 BIM 的转化难度，2010 年，BCA 发布了建筑和结构的模板，2011 年 4 月，发布了 M&E 的模板；另外，与新加坡 buildingSMART 分会合作，制定了建筑与设计对象库，并明确在 2012 年以前合作确定发布项目协作指南。

为了鼓励早期的 BIM 应用者，BCA 于 2010 年成立了一个 600 万新币的 BIM 基金项目，任何企业都可以申请。基金分为企业层级和项目协作层级，公司层级最多可申请 20000 新元，用以补贴培训、软件、硬件及人工成本；项目协作层级需要至少 2 家公司的 BIM 协作，每家公司、每个主要专业最多可申请 35000 新元，用以补贴培训、咨询、软件及硬件和人力成本。而且申请的企业必须派员工参加 BCA 学院组织的 BIM 建模/管理技能课程。

在创造需求方面，新加坡决定政府部门必须带头在所有新建项目中明确提出 BIM 需求。2011 年，BCA 与一些政府部门合作确立了示范项目。BCA 将强制要求提交建筑 BIM 模型（2013 年起）、结构与机电 BIM 模型（2014 年起），并且最终在 2015 年前实现所有建筑面积大于 5000 平方米的项目都必须提交 BIM 模型的目标。

在建立 BIM 能力与产量方面，BCA 鼓励新加坡的大学开设 BIM 的课程、为毕业学生组织密集的 BIM 培训课程、为行业专业人士建立了 BIM 专业学位。

4. BIM在日本的发展现状

在日本，有“2009年是日本的BIM元年”之说。大量的日本设计公司、施工企业开始应用BIM，而日本国土交通省也在2010年3月表示，已选择一项政府建设项目作为试点，探索BIM在设计可视化、信息整合方面的价值及实施流程。

日经BP社2010年调研了517位设计院、施工企业及相关建筑行业从业人士，了解他们对于BIM的认知度与应用情况。结果显示，BIM的知晓度从2007年的30.2%提升至2010年的76.4%。2008年的调研显示，采用BIM的最主要原因是BIM绝佳的展示效果，而2010年人们采用BIM主要用于提升工作效率。仅有7%的业主要求施工企业应用BIM，这也表明日本企业应用BIM更多是企业的自身选择与需求。日本33%的施工企业已经应用BIM了，在这些企业当中近90%是在2009年之前开始实施的。

日本软件业较为发达，在建筑信息技术方面也拥有较多的国产软件，日本BIM相关软件厂商认识到，BIM需要多个软件来互相配合，因此多家日本BIM软件商在日本分会的支持下，以福井计算机株式会社为主导，成立了日本国国产解决方案软件联盟。

此外，日本建筑学会于2012年7月发布了日本BIM指南，从BIM团队建设、BIM数据处理、BIM设计流程、应用BIM进行预算、模拟等方面为日本的设计院和施工企业应用BIM提供了指导。

5. BIM在韩国的发展现状

根据BuildingSMART Korea与延世大学2010年的一份调研，问卷调查表共发给了89个AEC领域的企业，34个企业给出了答复：其中26个公司反映说他们已经在项目中采用了BIM技术，3个企业报告说他们正准备采用BIM技术，而4个企业反映说尽管他们的某些项目已经尝试BIM技术，但是还没有准备开始在公司范围内采用BIM技术。

韩国在运用BIM技术上十分领先。多个政府部门都致力制定BIM的标准，例如韩国公共采购服务中心和韩国国土交通海洋部。

韩国公共采购服务中心（Public Procurement Service，PPS）是韩国所有政府采购服务的执行部门。2010年4月，PPS发布了BIM路线图（图1-5），内容包括：2010年，在1～2个大型工程项目应用BIM；2011年，在3～4个大型工程项目应用BIM；2012～2015年，超过50亿韩元大型工程项目都采用4D・BIM技术（3D+成本管理）；2016年前，全部公共工程应用BIM技术。2010年12月，PPS发布了《设施管理BIM应用指南》，针对设计、施工图设计、施工等阶段中的BIM应用进行指导，并于2012年4月对其进行了更新。

2010年1月，韩国国土交通海洋部发布了《建筑领域BIM应用指南》。该指南为开发商、建筑师和工程师在申请四大行政部门、16个都市以及6个公共机构的项目时，提供采用BIM技术时必须注意的方法及要素的指导。指南能指导在公共项目中系统地实施BIM，同时也为企业建立实用的BIM实施标准。目前，土木领域的BIM应用指南也已立项，暂定名为《土木领域3D设计指南》。

韩国主要的建筑公司已经都在积极采用BIM技术，如现代建设、三星建设、空间综合建筑事务所、大宇建设、GS建设、Daelim建设等公司。其中，Daelim建设公司将BIM技术应用到桥梁的施工管理中，BMIS公司利用BIM软件digital project进行建筑设计阶段以及施工阶段的一体化研究和实施等。

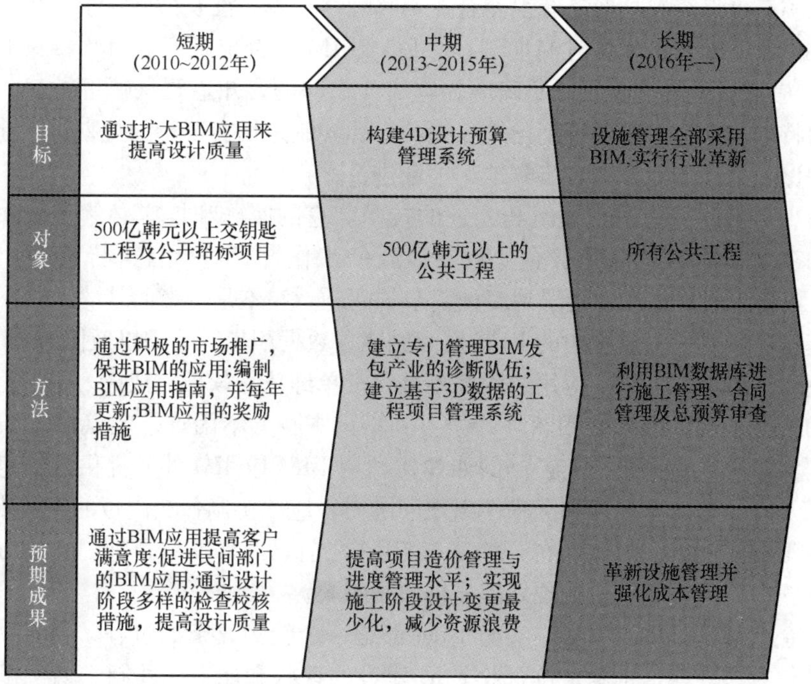

	短期（2010~2012年）	中期（2013~2015年）	长期（2016年—）
目标	通过扩大BIM应用来提高设计质量	构建4D设计预算管理系统	设施管理全部采用BIM,实行行业革新
对象	500亿韩元以上交钥匙工程及公开招标项目	500亿韩元以上的公共工程	所有公共工程
方法	通过积极的市场推广，保进BIM的应用;编制BIM应用指南，并每年更新;BIM应用的奖励措施	建立专门管理BIM发包产业的诊断队伍；建立基于3D数据的工程项目管理系统	利用BIM数据库进行施工管理、合同管理及总预算审查
预期成果	通过BIM应用提高客户满意度;促进民间部门的BIM应用;通过设计阶段多样的检查校核措施，提高设计质量	提高项目造价管理与进度管理水平；实现施工阶段设计变更最少化，减少资源浪费	革新设施管理并强化成本管理

图 1-5 韩国 BIM 路线图

6. BIM 在北欧国家的发展现状

北欧国家包括挪威、丹麦、瑞典和芬兰，是一些主要的建筑业信息技术的软件厂商所在地，如 Tekla 和 Solibri，而且对发源于邻近匈牙利的 ArchiCAD 的应用率也很高。因此，这些国家是全球最先一批采用基于模型的设计的国家，也在推动建筑信息技术的互用性和开放标准，主要指 IFC。北欧国家冬天漫长多雪，使得建筑的预制化非常重要，这也促进了包含丰富数据、基于模型的 BIM 技术的发展，使这些国家及早地进行了 BIM 的部署。

与上述国家不同，北欧四国政府并未强制要求使用 BIM，BIM 技术的发展主要是企业的自觉行为。2007 年，Senate Properties 发布了一份建筑设计的 BIM 要求（Senate Properties' BIM Requirements for Architectural Design，2007）。自 2007 年 10 月 1 日起，Senate Properties 的项目仅强制要求建筑设计部分使用 BIM，其他设计部分可根据项目情况自行决定是否采用 BIM 技术，但目标将是全面使用 BIM。该报告还提出，设计招标将有强制的 BIM 要求，这些 BIM 要求将成为项目合同的一部分，具有法律约束力；建议在项目协作时，建模任务需创建通用的视图，需要准确的定义；需要提交最终 BIM 模型，且建筑结构与模型内部的碰撞需要进行存档。

（三）企业 BIM 发展战略及实施

1. BIM 实施框架

随着 BIM 技术在施工行业应用的不断推广和实践，虽然大部分企业在 BIM 实施时能做到理性务实，重点突破，但是有很多企业不够理性客观，没有做好需求分析和规划，就仓促购买软件，实施开始时抱过高期望，最后对 BIM 持否定态度。因此，施工企业在实施 BIM 时，应从业务需求出发，明确需要解决什么问题，知道要从哪里做起。并结合企业及项目的特点和条件，明确近期与中长期的目标，制定切实可行的规划；要建立科学的实施体系和保障措施，有方法有步骤地循序渐进。

首先，BIM 技术作为一项全新和先进的技术，它的实施和推广必然带来项目建造方式革命性的变化，同时也意味着企业也要以新的工作方式对项目进行监管。BIM 实施（即 BIM 技术的应用）过程中会遇到多种复杂的问题，它不是一蹴而就的。其次，BIM 实施是一个基于项目建设全过程中的 BIM 模型创建、数据积累、管理以及协同共享的过程，对于施工业务更是如此，整个应用过程并不是仅仅单纯依靠软件完成的。最后通过近年来国内企业的实践发现，BIM 使用软件的学习和培训本身并不困难，难点在于如何将 BIM 技术应用到实际的工作和业务上去。例如如何利用 BIM 应用软件所提供的信息和数据进行管理，以及在数据的有效性和准确性出现问题时，应该协调什么岗位的人员来对模型进行相应的加工和完善等。因此，在开始实施 BIM 之前，对其整体目标、实施方法与策略以及保障措施等方面进行有效的规划就显得非常重要。

无论是企业还是具体的项目，实施 BIM 都是一个较为复杂的过程。在宏观上我们应该遵循信息化阶段规律，正确定位企业 BIM 建设的现状和能力，并制定切实可行的 BIM 实施路线。在微观上，要根据企业 BIM 人才和能力、建设项目的特点、项目团队的能力、当前的技术发展水平、BIM 实施成本等多方面综合考虑选择切合自身特点 BIM 实施路线。通过国内外大量项目实施经验，我们总结制定出 BIM 实施框架，包含了 BIM 实施的目标、指导思想、实施策略和实施保障措施四大部分，从而形成一个完整体系，以 BIM 实施目标为中心，以 4 项基本原则为指导思想，按照项目试点应用、普及推广、集成应用的方法，在保障措施的维护下，逐步推进 BIM 技术在企业中的全面应用。

公司级 BIM 实施目标主要包括通过 BIM 技术的应用和推广，促进企业核心竞争力的提升，推动生产效率和效益的提高。确定目标是实施 BIM 技术的第一步，目标明确以后才能决定要完成一些什么任务、利用什么样的 BIM 技术应用去实现这个目标。在 BIM 实施规划中，可以结合企业自身业务的实际情况，将不同 BIM 技术应用所带来的价值和利益贡献进行分析排序，进而明确地规划出所要实施的具体 BIM 技术应用及其目标。在此基础上，制定 BIM 实施规划的指导思想、保障措施以及循序渐进地实施 BIM 的路线，最终才能系统性地保障 BIM 实施的顺利进行。

2. BIM 实施规划指导思想

企业实施 BIM 技术需要规划先行，本着“理清需求、专业为本、应用为先、循序渐进”的 4 项指导思想进行规划。其中前两项重在分析企业整体规划上需要准许的原则，而后两项则重点说明在具体实施过程中需要提前考虑的问题。

（1）理清需求原则

理清需求原则指企业在决定实施 BIM 技术之前，一定要明确实施 BIM 技术的核心目的是什么，搞清应用 BIM 技术来解决什么问题，BIM 技术将为公司的发展带来什么价值。只有明确了应用需求，然后再制定具体的 BIM 技术应用实施方案，实施起来才能有的放矢。而需求的确定，会影响后续一系列的规划内容。例如，如果以“节约项目成本”这一需求为目的，则需要在后续的实施中围绕这一核心需求做出一系列的规划：从项目试点选择上要考虑具备条件并能符合需求的项目来试点；从软件选型上要考虑基于 BIM 的成本预算、基于 BIM 的进度管理、材料管理等软件的配套；从团队规划上则要求建模人员、预算管理人员、进度管控人员等不同角色之间有一个完成分工和工作流程制度等。

企业在实施 BIM 技术时容易出现一些不够理性客观的现象，在没有明确实施目标和需求时仓促使用 BIM，并不清楚应用 BIM 要解决什么问题，往往出现系统选择不当、团队成员配合度差、实施效果不理想等情况。企业建好了模型，却不知将模型在后续工作中如何应用，实施时耗费了很多资源，却没有看到好的应用效果。因此企业只有在明确 BIM 实施需求和实施目标的前提下，进一步制定具体的 BIM 实施计划、目标分解、评价指标、实施进度、资源配置要求等措施，才能保证企业有效地推进 BIM 的整体实施。

（2）专业为本原则

BIM 实施所需要的专业化能力是毋庸置疑的。专业为本原则包括建筑业务本身的专业性和软件系统应用的专业性两大方面。无论哪一方面都需要专业化的技术、知识、经验来支撑，并且两方面是相辅相成的。因此，专业化的能力对于 BIM 实施成功与否至关重要。

首先，BIM 实施对建筑专业方面的能力要求高。例如，BIM 在管线综合中的应用，如果参与 BIM 实施的人员本身对管线排布、深化设计等知识缺乏专业性，那利用 BIM 应用软件来更好地解决业务问题就无从谈起了。可以说具备业务专业能力和知识是实施的基础。

其次，对 BIM 应用软件相关技术的掌握要够专业，例如，土建设计、结构计算、机电设计、能耗分析、工程量计算、施工模拟、碰撞检查等，都是由不同的软件完成的，对 BIM 应用软件提出明确的专业性需求。从人员需求上来讲，在施工项目的各个阶段、各类不同的需求都对应着不同的软件系统，需要有相应的专业人员来进行具体的操作和应用。实施过程涉及的系统是否有足够的稳定性、效率、易用性等，是否符合标准、信息安全、应用并发、稳定性、异构处理、云计算等，都需要足够的专业认知。

（3）应用为先原则

应用为先原则指的是在整体规划和实施应用的基础上，只有通过具体项目中的实际应用才能真正发挥 BIM 的价值，有效应用才是 BIM 实施的目的。虽然市场上的 BIM 软件和相关标准等都有待完善，但是我们不能等到万事俱备才去应用，企业需要结合自身情况并通过实践总结经验和方法。

BIM 实施始终以提升企业效益、提升项目效率为核心目的。当下很多企业的 BIM 技术片面追求一些华而不实的界面和效果，忽略了成效与价值，久而久之，会让企业失去推进 BIM 实施的动力。因此，企业在 BIM 应用过程中要关注价值和使用成效，结合应用效果作为实施评价及人员成长的依据，进而使企业的 BIM 应用在实践过程中形成不断优化、不断完善、不断进步的良性循环。在后期的 BIM 技术应用试点和普及推广中应该始终坚持贯彻“应用为先”的原则。

（4）循序渐进原则

所谓“循序渐进”，是指在具体的 BIM 实施过程中，依据整体规划，结合企业管理与生产现状，分阶段、分步骤、分层次和分项目的实施 BIM，而不是盲目求全。“整体规划、分步实施”是所有企业进行信息化应用时应准从的原则，BIM实施亦不例外。

BIM实施是一个逐步提升的螺旋式上升过程，循序渐进、逐步提高是符合事物发展客观规律的。BIM实施需要确定系统建设先后顺序，要遵循“四先四后”原则。第一，先热点后冷点，遵循价值大小决定先后的原则。BIM实施应围绕企业核心业务开展，方能为企业创造最大价值。在取得一定效果后逐步拓展到外围业务和辅助管理内容。第二，先显示后立项，先易后难、由浅到深、小步快跑，每一个步骤都有成效，可以让企业和项目部对BIM技术应用保持持久的激情和动力。第三，先结果后过程，先做能够快速见到效果的业务。第四，先标杆后推广，应在企业内选择技术、人员等基础条件比较好的项目进行试点，起到标杆示范作用，引领带动企业整体BIM技术应用水平的逐步提升。

循序渐进原则在BIM实施推广中显得尤为重要。如果总想一蹴而就，往往会因为人员能力不到位、制度措施不完善等因素，造成投入很多但应用效果有限的尴尬局面。

3. BIM实施方法与策略

(1) BIM实施规划

为保障BIM技术在企业中的高效和成功应用，需要根据团队的能力、企业的特点和需求、应用软件的成熟度、应用模式、技术标准、实施成本等多方面综合考虑得到适合企业自身的实施规划方案。

BIM实施规划可以从BIM实施目标、BIM技术应用范围、BIM实施流程等几个方面来进行。

1) BIM实施目标

企业的BIM实施目标是通过一定周期将BIM技术应用于建设，达到企业希望得到的效果。主要包括人员技术水平、项目普及率、企业标准模型构建库的建立、数据标准、保障制度的建立等方面。企业级的BIM实施目标是一个中长期目标，是战略方向，更关注如何让整个企业的BIM应用水平技术能力得以提升。

在制定实施目标时要特别注意两个问题：首先，要尽量使用量化指标来确定BIM实施目标。例如，企业目标可以制定为在3年内，每个分子公司都需要建立至少10人的BIM实施团队，针对超高层项目或有绿色建筑申报要求的项目，采用BIM技术或明确每个分公司要有80%以上的项目采用BIM技术进行施工全过程的管理等。其次，目标规划应具有阶段性。例如某企业第一年的目标是在项目上完成全专业的BIM建模试点，第二年实现基于BIM模型的造价管理，第三年实现基于BIM技术的施工过程管理，最后实现基于BIM技术的全生命期的项目管理。这样就能按照阶段性目标稳扎稳打，分步实施。在制定这些目标时，要注意前文所提到的理清需求和循序渐进原则，既要有明确的目标规划，又不能急于求成，避免使制定的目标脱离实际。

2) BIM技术应用范围

目标确定是第一步，随后要明确实现这些目标需要完成哪些任务、确定那些BIM技术应用范围。这里BIM技术应用范围不仅包括施工项目的业务范畴（如创建模型、能耗分析、成本分析、进度模拟等），也包括项目类型、项目大小、应用人员等范围的确定。

有了明确的应用范围，就可以在此基础上将与之相关的一系列规划展开落地，包括完成相应的资金规划来保障实施、制定技术应用规划来确定软硬件的选型和采购、设计标准应用框架来保障数据交互和交付标准、制定规章制度来保障实施等内容。在BIM技术应用范围和与之相关的一系列规划中，要特别注意遵循“专业为本”的原则，有针对性地对不同的业务和技术应用进行专业职能划分，否则，BIM 技术的应用深度和应用效果都会大打折扣。

(2) 项目试点应用

在项目试点应用方面，需要从试点项目的选择、启动、人员的配备三方面制定切实可行的策略。

1) 试点项目的选择。尽可能选择体量大和难度高的项目来进行试点。越是复杂的项目，越是能体现 BIM 技术的应用价值。如果项目过于简单，即使 BIM 实施做得很到位，仍难以体现 BIM 技术应用的典型意义和价值。比如一些小型简单的项目，本身大家已驾轻就熟，大家感受到的 BIM 技术应用价值和成效就不够明显。相反，复杂的项目由于需要面对众多问题，如工艺复杂、管理繁琐、协调障碍、技术要求、专业交叉等，利用传统的信息化管理方式已经很难有效保证项目的实施，因此能激发企业用 BIM 技术解决问题的期望和 BIM 技术的学习热情，更好发挥 BIM 技术的应用价值。

2) 试点项目的启动。原则上，一旦做好了规划，选好了试点项目，项目越早启动越好。因为 BIM 技术的应用价值很大程度上在于施工之前就完成一系列的模拟分析，提前规避问题，减少变更等问题。很多企业在进行试点的时候，选择已经开工的项目半路开始实施 BIM，一来难以在项目中途协调好忙于推进项目进度的相关人员，二来对于已经完成施工的部分就没有太多意义了。

3) 试点项目的人员配备。试点项目最好能配备有一定 BIM 技术应用经验的技术和管理人才。如果没有完全合适的人选，借助“外脑”即专业的外部咨询团队一同参与也是不错的选择。避免第一个试点项目因为人员技术和专业能力的不足而半途夭折，导致团队的信心大打折扣，影响 BIM 实施的整体推进，因此，第一个试点项目所配备的人才至关重要。

通过试点项目的应用累计经验、总结方法、培养和锻炼队伍是项目试点应用的主要目的。

(3) 应用普及推广

BIM 实施无论采用什么指导原则、方法和软件系统，最终都离不开企业在实际业务中的推广践行，真正在业务和管理中应用 BIM 技术，其价值才能充分体现，BIM 应用软件才能不断改进，相应的管理水平才能不断提升。

BIM 技术应用在全公司的普及应用过程，在先期做项目试点的时候，由于资源、人力的倾斜以及领导的重视程度高，使得项目的推进更容易一些。而转入逐步普及推广阶段的时候可能会遇到比试点项目更多的难题，需要不断完善方法和体系，加强组织建设，优化流程和配套措施。在 BIM 技术普及和推广阶段，需要建立多实施团队，分头实施不同的项目。每个新的项目团队最好都配备一名有实施经验的人员。建立起一套有效的协调机制来保障不同的团队在遇到问题时可以快速得到支持，并通过越来越多的项目实施不断丰富和完善 BIM 标准和配套制度。

BIM 技术的普及推广是一场持久战，是一个不断优化、不断完善、不断进步的过程。BIM 实施始终是以提升企业管理效益为最大驱动力。因此，信息化建设与企业管理过程紧密联系，任何一家企业的管理都是一个不断优化的过程，这就必然要求 BIM 技术在推广过程中不断完善和持续优化。

（4）系统集成

从BIM技术的概念内涵来说，BIM的实施需要一个集成管理与协同工作的环境。协同应用将能更好地发挥BIM的应用价值，因此，BIM应用软件之间、BIM应用软件与其他信息化管理系统之间、BIM的技术与云技术、物联网、移动应用等技术之间的有效互联与集成，显得尤为重要。

1）BIM应用软件的相互集成

单个BIM软件或解决方案并不能完全满足施工企业的需求，需要多个BIM软件之间可以遵循统一的标准进行数据交换和有效集成。各个软件产生的模型数据可以进行使用和共享。

目前，不同BIM应用软件相互之间的数据传输与交换无法实现有效的互通互联，仍然存在数据孤岛和数据割裂的现象。特别是在施工阶段使用设计阶段的BIM模型往往需要施工单位根据图纸重新建立算量模型。目前，市场上一些算量软件已经能够导入CAD或三维模型，但是依然要进行大量的修改整合工作。在数据交换过程中，BIM技术标准的统一是关键，目前大多数BIM应用软件已经开始支持IFC标准，随着IFC标准的完善，将会对项目全生命期各阶段的数据共享及实现BIM应用软件的相互集成发挥积极作用。最后，BIM应用需要建立起对模型数据进行统一管理的BIM平台系统，以集成各个软件之间的BIM模型数据，并保障软件之间的数据交互与共享。例如，BIM设计类的软件与基于BIM的算量类的软件，可以通过BIM平台系统进行模型数据的交换和存储，以便在下一阶段进行调用和使用。

2）BIM软件与企业管理系统的集成

企业信息化是一个整体，BIM技术应用是其中一个重要的环节，因此在BIM技术成功应用之后有必要考虑BIM系统与项目管理软件或企业ERP等管理系统进行对接与交互，使管理系统有效集成生产作业层的项目基础数据，形成企业内部信息化的协同管理，发挥信息化综合效应。

随着技术与系统的普及，还需要逐步考虑与云技术、物联网、移动应用、大数据等先进技术的进一步集成，以发挥BIM技术更大的作用与价值。

4. BIM实施保障措施

（1）BIM实施的组织保障

BIM实施的目的是要为企业带来效益，提升管理水平和生产能力。从长远来看，要保证BIM实施工作的正常运转、支持业务工作、持续优化改进，建立起相应的组织保障体系是BIM成功实施的重要基础。

1）建立BIM中心

企业在BIM实施前需要建立企业级的BIM中心，其职能主要是负责企业BIM的整体实施规划、技术标准规范的制定和完善、软硬件的选型和系统结构件、BIM技术应用的企业级基础数据库的建立、实施流程和相关制度的制定、人员培训考核等。

目前国内许多施工企业已经开始筹建BIM中心，其主要构成为：

① 管理组。其职责是以BIM实施管理为工作中心，特别是随着BIM实施的逐步深入，信息资源的不断积累，有责任制定相关的制度和政策对资源进行相应的管理和利用。

② 业务组。各业务部门的业务专家需要担任诸如BIM项目经理一类的角色，因此，该团队以业务为核心，他们最能准确提出BIM应用需求的人，最终对BIM实施效果也能做出有效的总结和评价。

③ 信息化组。职责包括BIM技术支持和BIM资源管理两方面。技术支持主要负责企业软硬件、网络资源的维护以及BIM技术的研究与应用开发；资源管理需要完成企业BIM资源的整体规划、数据管理与维护、权限管理等工作，以达到企业的BIM资源高度共享和重用的目的。

BIM中心的建立有助于全盘规划BIM技术的应用路线，有助于企业基础数据库的积累，形成基于BIM模型的协同和共享平台，解决上下游信息不对称的局面，解决企业内部管理系统缺少基础数据的困境，为企业各职能部门的管理提供数据支撑，让各项目在实施BIM的时候有标准可循、有法可依，促进公司整体BIM技术应用水平和能力的提升。

2）培养BIM专业人才队伍

一个企业的BIM技术应用能力和生产能力的高低，取决于BIM专业人才的完整性和胜任程度，BIM技术相关应用需在相应的岗位上配置相应的BIM专业人才，从而应用BIM技术支持和完成工程项目生命期过程中各种专业任务。在施工企业中，BIM专业应用人才包括项目管理、施工计划、施工技术、工程造价人员等。可以从职能上将施工企业BIM专业队伍划分为以下几类：

① BIM战略总监。BIM战略总监属于企业级的BIM管理岗位，其主要职责是负责企业BIM的总体发展战略和整体实施，对企业BIM规划和推进进行全盘把控。该职位需要对施工业务和技术有一定管理经验，并对BIM技术的应用价值有系统了解和深入认识。BIM战略总监不一定要求会操作BIM应用软件，但对BIM技术的国内外应用现状、BIM技术给建筑业带来的价值和影响、BIM技术在施工行业的应用价值和实施方法、BIM技术实施应用环境等知识需要有深刻的认识。可以结合企业自身条件和行业发展趋势规划适合企业的BIM发展战略。

② BIM项目经理。BIM项目经理是针对具体实施BIM项目的管理岗位，需要在每个实施的项目上，负责BIM项目的规划、管理和执行。该岗位通常由原施工项目的项目经理或项目技术总工担任，有丰富的项目管理经验。但在BIM实施初期，他们对于BIM技术的专业知识比较欠缺，需要对BIM技术的各个应用价值点和具体实施流程进行系统性地学习，能够自行或通过调动资源解决工程项目BIM应用中的技术和管理问题。

③ BIM模型工程师。BIM模型工程师分为两类：一类任职于企业直属于BIM中心，其职责主要是构建企业级的BIM建模规范和标准，包括标准构件库的开发和积累，让各个BIM实施项目可以直接使用这些建模规范和标准构件；另一类任职于项目部，其主要职责是建立项目实施过程中需要的各种BIM模型，根据项目需求通过BIM建模提供相应的模型数据和信息。由于建筑的专业性要求，通常每个建筑专业需要配备至少1名模型工程师，也可以依据项目的特点而定，针对一些大型项目，每个专业甚至可能需要2～3名模型工程师才能满足项目进度。但无论如何，土建、结构和机电专业的模型工程师是必不可少的，至于幕墙、精装等专业的建模，则视项目的具体需求而定。无论哪个专业的模型工程师，都需要对相应的专业设计规范和要求非常熟悉。初期他们可以通过各专业的设计

软件供应商所提供的培训来迅速提升BIM建模能力。

④ BIM专业分析工程师。BIM专业分析工程师的主要职责是利用BIM模型对工程项目整体质量、效率、成本、安全等关键指标进行分析、模拟、优化，提出该项目BIM模型的调整意见，从而达到高效、优质和低价的项目总体实现和交付。与模型工程师一样，企业级的BIM中心和项目上的BIM团队都需要这个职位。前者主要负责制定数据分析的关键指标和交付标准，后者负责实施项目的业务数据分析。这个岗位需要由业务经验非常丰富的工程师担任，因为他们的分析方法和输出的结果，会直接影响到项目进度、质量、成本等核心问题。

⑤ BIM信息应用工程师。BIM信息应用工程师的主要工作是基于BIM模型完成不同业务管线的工作。他们主要任职于在实施BIM项目上。在实施BIM之前，他们需要的数据可能来自于二维图纸、项目管理系统等不同信息源，有了BIM应用软件，就要求BIM信息应用工程师在BIM模型中实时获取相关的施工进度、流水段信息、工作面交接等信息，而负责材料管理的人员则需要从BIM模型中提取相应的材料总量等信息。这类BIM应用人员是比较容易培养的，他们原本就在各自的业务岗位上担任相应的管理工作，实施BIM技术之后，区别就在于他们的业务数据和决策数据来源发生了变化。

3）选择好合作单位

目前大多数企业专业化的BIM人才紧缺，具有全面的BIM技术能力的人更少，能独立承担项目的BIM实施工作的人才匮乏。因此，企业需要选择好的合作单位辅助BIM实施，主要包括专业软件供应商和BIM咨询两类企业。前者主要解决软件的实际操作和应用过程中的技术服务问题，后者则从BIM实施规划、实施流程以及数据分析等方面协助企业的BIM团队进行完整的实施，从理论和时间角度共同提升企业BIM应用能力。

一方面，BIM应用的落地需要有专业的软件供应商，结合企业自身的需求和目标合理选型。应选择专业强的、综合实力强的，技术能力强的、产品链长的、服务有保障的软件供应商建立长期合作伙伴关系。对于软件供应商的选择是一个系统的、全面的、科学的策划过程，需要在整体规划指导下，系统性地选择软件供应商，综合考虑供应商的价格、技术能力、开发能力、实施能力、服务保障等因素。另一方面，BIM技术实施不仅包含应用软件，还需要先进的管理理念。施工企业需要转变意识，借助外部资源，选择合适的BIM技术依托单位或第三方咨询公司作保证，充分利用他们的专业能力和经验，避免在实施过程中走弯路。

（2）BIM相关标准保障

在BIM实施的过程中，BIM配套标准是有利的保障。主要包括BIM技术标准和BIM应用标准两大类。技术标准包括建模标准和数据交互标准；应用标准则指的是BIM技术全生命期中各个环节的BIM技术应用流程和数据交互标准。通过标准的建设，能有效保障各个实施项目遵循统一的规则和标准，避免大家各自为政，以便普及应用。

目前，我国的BIM标准还在建立和完善过程中，比较缺乏可以直接借鉴的完整的BIM相关标准，企业可以通过两个途径逐步建立自己的BIM企业标准。一是借助有具体项目实施经验的BIM咨询公司，结合企业自身的技术情况和管理特点，编写相应的标准；二是可以参考一些目前已经颁布的BIM标准，例如北京市地方标准——《民用建筑信息模型设计标准 DB11/1063—2014》，已经过北京市质量技术监督局批准，由北京市质量技术监督局和北京市规划委员会共同发布，于 2014 年 9 月 1 日正式实施，这是我国第一部 BIM 技术应用标准，国家及地方标准也将陆续出台。由中国建筑标准设计研究院承担编制的 BIM 国家标准《建筑工程设计信息模型交付标准》、《建筑工程设计信息模型分类编码标准》即将完成，这意味着 BIM 技术的发展逐渐正规化和标准化，为企业应用 BIM 技术提供了基础标准规范，使得企业后续推行 BIM 应用有章可依。

企业通过不断的应用与实践来持续完善和优化业务流程、标准和规范，逐步形成一套完整的企业 BIM 实施规范体系。

（3）BIM 相关制度保障

BIM 相关制度的配套是 BIM 实施的有利保障。主要包括软硬件管理制度、应用组织制度、项目实施管理制度、绩效管理制度、数据维护制度、培训管理制度等一系列保障措施。

1）软硬件管理制度

软件方面的相关制度，主要包括规范设备购置、管理、应用、维护、维修及报废等方面的工作；而软件方面的相关制度则包括系统的采购、权限分配、运行系统安全等方面。需要注意的是，一方面，BIM 的应用系统往往对硬件系统有较高的要求，软硬件的配合需要提前做好分析准备。另一方面，BIM 应用软件种类繁多，需要根据 BIM 规划所提出的具体应用需求进行选型搭配，避免造成资金的浪费。

2）应用组织制度

应用组织制度需要明确规定企业级的 BIM 管理团队和项目级的 BIM 实施团队成员构成和岗位职责。该制度中对于各类岗位的知识结构和能力要求要有明确的规定。

3）项目实施管理制度

项目实施管理制度的主要内容是制定 BIM 项目管理的目标和应取得的项目成果，明确项目管理的任务、时间进度等内容，预计项目进行中可能发生的变更和风险，以及如何有效地管理、控制、处理项目进程等问题。

4）绩效管理制度

对于企业管理者来讲，如何提高项目实施 BIM 的积极性、树立 BIM 实施的信心至关重要。因此企业有必要建立完善科学的 BIM 实施绩效评估体系，并给予指标进行考核。例如，对于建模人员，可以基于建模的平方米数与构建量制定指标；对于分析工程师，可以基于提出的有效碰撞制定指标；对于成本分析人员，可以基于 BIM 技术输出的成本数据准确度进行打分，等等。绩效指标和考核标准初期不能设立太高的门槛，视现有人员的技术和应用水平而定，否则，反而形成实施障碍，适得其反。

5）数据维护制度

BIM 实施最终会形成一个庞大的数据共享平台，因此，一开始就设立好一个良好的数据维护制度至关重要，主要包括 BIM 模型数据标准、数据归档格式、访问权限等内容。该制度最重要的作用是保障能形成统一的基于 BIM 技术的协同平台，避免产生数据在不同的工作流程中无法传递和运转的情况。

6）培训管理制度

培训管理制度既要考虑到普及性，又要考虑到专业岗位的针对性。对于通用的 BIM

技术知识、BIM实施流程、各个环节的交付标准等，可以指定整个BIM实施团队的培训计划，而对于一些专职的岗位，例如BIM数据分析师，则需要指定专门的培训课程专项进行。完善的培训管理制度可以保障在项目实施的推广普及阶段，各项目的BIM实施人员能及时到位开展工作。

二、施工方 BIM 项目管理平台

（一）施工方项目管理平台研究

BIM 项目管理平台是最近出现的一个概念，基于网络及数据库技术，将不同的 BIM 工具软件连接到一起，以满足用户对于协同工作的需求。

施工方项目管理的 BIM 实施，必须建立一个协同、共享平台，利用基于互联网通信技术与数据库存储技术的 BIM 平台系统，将 BIM 建模人员创建的模型用于各岗位、各条线的管理决策。才能按大后台、小前端的管理模式，将 BIM 价值最大化，而非变成相互独立的 BIM 孤岛。这也是施工项目、施工作业场地的不确定性等特征所决定的。

目前市场上能够提供企业级 BIM 平台产品的公司不多，国外有以 Autodesk 公司的 Revit、Bently 的 PW 为代表，但大多是文件级的服务器系统，还难以算得上是企业级的 BIM 平台。国内提到最多的是广联达和鲁班软件，其中，广联达软件已经开发了 BIM 5D、BIM 审图软件、BIM 浏览器等，鲁班软件可以实现项目群、企业级的数据计算等。出于数据安全性的考虑，可以预见国内的施工企业将会更加重视国产 BIM 平台的使用。

国内也有企业尝试独立开发自己的 BIM 平台来支撑企业级 BIM 实施，这需要企业投入大量的人力、物力，并要以高昂的成本为试错买单。站在企业的角度，自己投入研发的优势是可以保证按需定制，能切实解决自身实际业务需求。但是从专业分工的角度而言，施工企业搞软件开发是不科学的，反而会增加项目实施风险和成本。并且，由于施工企业独立开发做出来的产品，很难具备市场推广价值，这对于行业整体的发展来说，也是资源上的极大浪费。

因此，与具备 BIM 平台研发实力兼具顾问服务能力的软件厂商合作，搭建企业级协同、共享 BIM 平台，对于施工企业实施企业级 BIM 应用就显得至关重要。而且，要通过 BIM 系统平台的部署加强企业后台的管控能力，为子公司、项目部提供数据支撑。另外，企业级 BIM 实施的成功还离不开与之配套的管理体系，包括 BIM 标准、流程、制度、架构等，企业级 BIM 实施时需综合考虑。

（二）施工方项目管理平台主要功能介绍

1. 基于 BIM 技术的协同工作基础

（1）通过 BIM 文件共享信息

BIM 应用软件和信息是 BIM 技术应用的两个关键要素，其中应用软件是 BIM 技术应用的手段，信息是 BIM 技术应用的目的。当我们提到了 BIM 技术应用时，要认识清楚 BIM 技术应用不是一个或一类应用软件的事，而且每一类应用软件不只是一个产品，常用的BIM应用软件数量就有十几个到几十个之多。对于建筑施工行业相关的BIM应用软件，从其所支持的工作性质角度来讲，基本上可以划分为3个大类：

1）技术类BIM应用软件。主要是以二次深化设计类软件、碰撞检查和计算软件为主。

2）经济类BIM应用软件。主要是与方案模拟、计价和动态成本管理等造价业务有关的应用软件。

3）生产类BIM应用软件。主要是与方案模拟、施工工艺模拟、进度计划等生产类业务相关的应用软件。

在BIM实施过程中，不同参与者、不同专业、不同岗位会使用不同的BIM应用软件，而这些应用软件往往由不同软件商提供。没有哪个软件商能够提供覆盖整个建筑生命周期的应用系统，也没有哪个工程只是用一公司的应用软件产品完成。据IBC（Institute for BIM in Canada，加拿大BIM学会）对BIM相关应用软件比较完整的统计，包括设计、施工和运营各个阶段大概有79种应用软件，施工阶段达到25个，这是一个庞大的应用软件集群。

在BIM技术应用过程中，不同应用软件之间存在着大量的模型交换和信息沟通的需求。由于各BIM应用软件开发的程序语言、数据格式、专业手段等不尽相同，导致应用软件之间信息共享方式也不一样，一般包括直接调用、间接调用、统一数据格式调用3种模式。

① 直接调用

在直接调用模式下，2个BIM应用软件之间的共享转换是通过编写数据转换程序来实现的，其中一个应用软件是模型的创建者，称之为上游软件，另外一个应用软件是模型的使用者，称之为下游应用软件。一般来讲，下游应用软件会编写模型格式转换程序，将上游应用软件产生的文件转换成自己可以识别的格式。转换程序可以是单独的，也可以是作为插件嵌入使用应用软件中。

② 间接调用

间接调用一般是利用市场上已经实现的模型文件转换程序，借用别的应用软件将模型间接转换到目标应用软件中。例如，为能够使用结构计算模型进行钢筋工程量计算，减少钢筋建模工作量，需要将结构计算软件的结构模型导入到钢筋工程量计算软件中，因为二者之间没有现成可用的接口程序，所以采用了间接调用的方式完成。

③ 统一数据格式调用

前面2种方式都需要应用软件一方或双方对程序进行部分修改才可以完成。这就要求应用软件的数据格式全部或部分开放并兼容，以支持相互导入、读取和共享，这种方式广泛推广起来存在一定难度。因此，统一数据格式调用方式应运而生。这种方式就是建立一个统一的数据交换标准和格式，不同应用软件都可以识别或输出这种格式，以此实现不同应用软件之间的模型共享。IAI（International Alliance of Interoperability，国际协作联盟）组织制定的建筑工程数据交换标准IFC（Industry Foundation Classes，工业基础类）就属于此类。但是，这种信息互用方式容易引起信息丢失、改变等问题，一般需要在转换后对模型信息进行校验。

（2）基于BIM技术的图档协同平台

在施工建设过程中，项目相关的资料成千上万、种类繁多，包括图纸、合同、变更、结算、各种通知单、申请单、采购单、验收单等文件，多到甚至可以堆满 1 个或几个房间。其中，图纸是施工过程中最重要的信息。虽然计算机技术在工程建设领域应用已久，但目前建设工程项目的主要信息传递和交流方式还是依靠纸质的图纸为主。对于施工单位来讲，图纸的存储、查询、提醒和流转是否方便，直接影响到项目进展的顺利程度。例如，1 个大型工程 50%的施工图都需要二次深化设计工作，二次设计图纸提供是否到位、审批是否及时对施工进度将产生直接的影响，处理不当会带来工期的延迟和大的变更。同时，由于工程变更或其他的问题导致图纸的版本很难控制，错误的图纸信息带来的损失相当惊人。

BIM 技术的发展为图档的协同和沟通提供了一条方便的途径。基于 BIM 技术的图档管理核心是以模型为统一介质进行沟通，改变了传统的以纸质图纸为主的“点对点”的沟通方式。

1）协同工作平台的建立

基于 BIM 技术的图档管理首先需要建立图档协同平台。不同专业的施工图设计模型通过“BIM 模型集成技术”进行合并，并将不同专业设计图纸、二次深化设计、变更、合同等信息都与专业模型构建进行关联。施工过程中，可以通过模型可视化特性，选择任意构件，快速查询构件相关的各专业图纸信息、变更图纸、历史版本等信息，一目了然。同时，图纸相关联的变更、合同、分包等信息都可以联合查询，实现了图档的精细化管理。

2）有效的版本控制

基于 BIM 技术的图档协同平台可以方便地进行历史图纸追溯和模型对比。传统的图档管理一般需要按照严格的管理程序对历史图纸进行编号，不熟悉编号规则的人经常找不到。有时变更较多，想找到某个时间的图纸版本就更加困难，就算找到，也需要花时间去确定不同版本之间的区别和变化。以 BIM 模型构件为核心进行管理，从构件入手去查询和检索，符合人的心理习惯。找到相关的图纸后，可自动关联历史版本图纸，可选择不同版本进行对比，对比的方式完全是可视化的模型，版本之间的区别一目了然。同时，图纸相关联的变更信息会进行关联查询。

3）基于模型的深化设计预警

基于 BIM 技术的图档管理可以对二次深化设计图纸进行动态跟踪与预警。在大型施工项目中，50%的施工图纸都需要二次深化设计，深化设计的进度直接影响工程进展。针对数量巨大的设计任务，除了合理的计划之外，及时的提醒和预警很重要。

4）基于云技术和移动技术的动态图档管理

结合云技术和移动技术，项目团队可将建筑信息模型及相关图档文件同步保存至云端，并通过精细的权限控制及多种写作功能，确保工程文档能够快速、安全、便捷、受控地在全队中传递和共享。同时，项目团队能够通过浏览器和移动设备随时随地浏览工程模型，进行相关图档的查询、审批、标记及沟通，从而为现场办公和跨专业协作提供了极大的便利。

随着移动技术的迅速发展，针对工程项目走动式办公特点，基于 BIM 技术的图档协同平台开始提供移动端的应用。项目成员在施工现场可以通过手机或 PAD 实时进行图档的浏览和查询。

2. 基于BIM技术的图纸会审

图纸会审是指建立单位组织建设、施工、设计等相关单位，在收到审查合格的施工设计文件之后，对图纸进行全面细致的熟悉，审查处理施工图中存在的问题及不合理的情况，并提交设计院进行处理的一项重要活动。其目的有2个：一是使施工单位和各参建单位熟悉设计图纸，了解工程特点和设计意图，找出需要解决的技术难题，并制定解决方案；二是为了解决图纸中存在的问题，减少图纸的差错，对设计图纸加以优化和完善，提高设计质量，消除质量隐患。

图纸会审在整个工程建设中是一个重要且关键的环节。对于施工单位而言，施工图纸是保证质量、进度和成本的前提之一，如果施工过程中经常出现变更，或者图纸问题多，势必会影响整个项目的施工进展，带来不必要的经济损失。通过BIM模型的支持，不仅可以有效地提高图纸协同审查的质量，还可以提高审查过程及问题处理阶段各方沟通协作的工作效率。

(1) 施工方对专业图纸的审查

图纸会审主要是对图纸的“错漏碰缺”进行审查，包括专业图纸之间、平立剖之间的矛盾、错误和遗漏等问题。传统图纸会审一般采用的是2D平面图纸和纸质的记录文件。施工图会审的核心是以项目参与人员对设计图纸的全面、快速、准确理解为基础，而2D表达的图纸在沟通和理解上容易产生歧义。首先，1个3D的建筑实体构件通过多张2D图纸来表达，会产生很多的冗余、冲突和错误。其次，2D图纸以线条、圆弧、文字等形式存储，只能依靠人来解释，电脑无法自动给出错误或冲突的提示。

简单的建筑采用这种方式没有问题，但是随着社会发展和市场需要，异形建筑、大型综合、超高层项目越来越多，项目复杂度的增加使得图纸数量成倍增加。1个工程就涉及成百上千的图纸，图纸之间又是有联系和相互制约的。在审查1个图纸细节内容时，往往就要找到所有相关的详图、立面图、剖面图、大样图等，包括一些设计说明文档、规范等。特别是当多个专业的图纸放在一起审查时，相关专业图纸要一并查看，需要对不同专业元素的空间关系通过大脑进行抽象的想象，这样既不直观，准确性也不高，工作效率也很低。

利用BIM模型可视化、参数化、关联化等特性，同时通过“BIM模型集成技术”将施工图纸模型进行合并集成，用BIM应用软件进行展示。首先，保证审核各方可以在1个立体3D模型下进行图纸的审核，能够直观地、可视化地对图纸的每一个细节进行浏览和关联查看。各构件的尺寸、空间关系、标高等相互之间是否交叉，是否在使用上影响其他专业，一目了然，省去了找问题的时间。其次，可以利用计算机自动计算功能对出现的错误、冲突进行检查，并得出结果。最后，在施工完成后，也可通过审查时的碰撞检查记录对关键部位进行的检查。

(2) 图纸会审过程的沟通协同

通过图纸审查找到问题之后，在图纸会审时需要施工单位、设计单位、建设单位等各方之间沟通。一般来讲，问题提出方对出现问题的图纸进行整理，为表述清晰，一般会整理很多张相关图纸，目的是让沟通双方能够理解专业构件之间的关系，这样才可以进行有成效的问题沟通和交流。这样的沟通效率、可理解性和有效性都十分有限，往往浪费很多时间。同时也容易造成图纸会审工作仅仅聚焦于一些有明显矛盾和错误集中的地方，而其他更多的错误，如专业管道碰撞、不规则或异形的设计跟结构位置不协调、设计维修空间不足、机电设计和结构设计发生冲突等问题根本来不及审核，只能留到施工现场。从这种方式看来，2D 图纸信息的孤立性、分离性为图纸的沟通增加了难度。

BIM 技术可用于改进传统施工图会审的工作流程，通过各专业模型集成的统一 BIM 模型可提高沟通和协同的效率。在会审期间，通过 3D 协同会议，项目团队各方可以方便地查看模型，更好地理解图纸信息，促进项目各参与方交流问题，更加聚焦于图纸的专业协调问题，大大降低了检查时间。

3. 基于 BIM 技术的现场质量检查

当 BIM 技术应用于施工现场时，其实就是虚拟与实际的验证和对比过程，也就是 BIM 模型的虚拟建筑与实际的施工结果相整合的过程。现场质量检查就属于这个过程。在施工过程中现场出现的错误不可避免，如果能够在错误刚刚发生时发现并改正，具有非常大的意义和价值。通过 BIM 模型与现场实施结果进行验证，可以有效地、及时地避免错误发生。

施工现场的质量检查一般包括开工前检查、工序交接检查、隐蔽工程检查、分部/分项工程检查等。传统的现场质量检查，质量人员一般采用目测、实测等方法进行，针对那些需要设计数据校核的内容，经常要去查找相关的图纸或文档资料等，为现场工作带来很多的不便。同时，质量检查记录一般是表格或文字，也为后续的审核、归档、查找等管理过程带来很大的不便。

BIM 技术的出现丰富了项目质量检查和管理的控制方法。与纯粹的文档叙述相比，将质量信息加载在 BIM 模型上，通过模型的浏览，摆脱文字的抽象，让质量问题能在各个层面上高效地流传辐射，从而使质量问题的协调工作更易展开。同时，将 BIM 技术与现代化技术相结合，可以达到质量检查和控制手段的优化。基于 BIM 技术的辅助现场质量检查主要包括以下 2 方面的内容：

（1）BIM 技在施工现场质量检查的应用。在施工过程中，当完成某个分部分项时，质量管理人员利用 BIM 技术的图档协同平台，集成移动终端、3D 扫描等先进技术进行质量检查。现场使用移动终端直接调用相关联的 BIM 模型，通过 3D 模型与实际完工部位进行对比，可以直观地发现问题。对于部分重点部位和复杂构件，利用模型丰富的信息，关联查询相关的专业图纸、大样图、设计说明、施工方案、质量控制方案等信息，可及时把握施工质量，极大地提高了现场质量检查的效率。

（2）BIM 技术在现场材料设备等产品质量检查的应用。提高施工质量管理的基础就是保证“人、机、物、环、法”五大要素的有效控制，其中，材料设备质量是工程质量的源头之一。由于材料设备的采购、现场施工、图纸设计等工作是穿插进行，各工种之间的协同和沟通存在问题。因此，施工现场对材料设备与设计值的符合程度的检查非常繁琐，BIM 技术的应用可以大幅度降低工作的复杂度。

在基于 BIM 技术的质量管理中，施工单位将工程材料、设备、构配件质量信息录入建筑信息模型，并与构件部位进行关联。通过 BIM 模型浏览器，材料检验部门、现场质量员等都可以快速查找所需的材料及构配件信息，规格、材质、尺寸要求等一目了然。并根据 BIM 设计该模型，跟踪现场使用产品是否符合实际要求。特别是在施工现场，通过先进测量技术及工具的帮助，可对现场施工作业产品材料进行追踪、记录、分析，掌握现场施工的不确定因素，避免不良后果的出现，监控施工产品质量。

针对重要的机电设备，在质量检查过程中，通过复核，及时记录真实的设备信息，关联到相关的BIM模型上，对于运维阶段的管理具有很大的帮助。运维阶段利用竣工建筑信息模型中的材料设备的信息进行运营维护，例如模型中的材料，机械设备材质、出厂日期、型号、规格、颜色等质量信息及质量检验报告，对出现质量问题的部位快速地进行维修。

4. 基于BIM技术的施工组织协调

建筑施工过程中专业分包之间的组织协调工作的重要性不容忽视。在施工现场，不同专业在同一区域、同一楼层交叉施工的情况是难以避免的，是否能够组织协调好各方的施工顺序和施工作业面，会对工作效率和施工进度产生很大影响。首先，建筑工程的施工效率的高低关键取决于各个参与者、专业岗位和单位分包之间的协同合作是否顺利。其次，建筑工程施工质量也和专业之间的协同合作有着很大的关系。最后，建筑工程的施工进度也和各专业的协同配合有关。专业间的配合默契有助于加快工程建设的速度。

BIM技术可以提高施工组织协调的有效性，BIM模型是具有参数化的模型，可以继承工程资源、进度、成本等信息，在施工过程的模拟中，实现合理的施工流水划分，并给予模型完成施工过程的分包管理，为各专业施工方建立良好的协调管理而提供支持和依据。

（1）基于BIM技术的施工流水管理

施工流水段的划分是施工前必须要考虑的技术措施。其划分的合理性可以有效协调人力、物力和财力，均衡资源投入量，提高多专业施工效率，减少窝工，保证施工进度。

施工流水段的合理划分一般要考虑建筑工艺及专业参数、空间参数和时间参数，并需要综合考虑专业图纸、进度计划、分包计划等因素。实际工作中，这些资源都是分散的，需要基于总的进度计划，不断对其他相关资源进行查找，以便能够使流水段划分更加合理。如此巨大的工作量很容易造成各因素考虑不全面，流水段划分不合理或者过程调整和管控不及时，容易造成分包队伍之间产生冲突，最终导致资源浪费或窝工。

基于BIM技术的流水段管理可以很好地解决上述的问题。在基于BIM技术的3D模型基础上，将流水段划分的信息与进度计划相关联，进而与4D模型关联，形成施工流水管理所需要的全部信息。在此基础上利用基于4D的施工管理软件对施工过程进行模拟，通过这种可视化的方式科学调整流水段划分，并使之达到最合理。在施工过程中，基于BIM模型可动态将查询各流水施工任务的实施进展、资源施工状况，碰到异常情况及时提醒。同时，根据各施工流水的进度情况，对相关工作进度状态进行查询，并进行任务分派、设置提醒、及时跟踪等。

针对一些超高层复杂建筑项目，分包单位众多、专业间频繁交叉工作多。此时，不同专业、资源、分包之间的协同和合理工作搭接显得尤为重要。流水段管理可以结合工作面的概念，将整个工程按照施工工艺或工序要求，划分成一个个可管理的工作面单元，在工作面之间合理安排施工工序。在这些工作面内部合理划分进度计划、资源供给、施工流水等，使得基于工作面内外工作协调一致。

（2）基于BIM技术的分包结算控制

在施工过程中，总承包单位经常按施工段、区域进行施工或者分包。在与分包单位结算时，施工总承包单位变成了甲方，供应商或分包方成了乙方。传统的造价管理模式下，由于施工过程中人工、材料、机械的组织形式与造价理论中的定额或清单模式的组织形式存在差异。同时，在工程量的计算方面，分包计算方式与定额或清单中的工程量计算规则不同。双方结算单价的依据与一般预结算也存在不同。对这些规则的调整，以及量价准确价格数据的提取，主要依据造价管理人员的经验与市场的不成文规则，常常称为成本管控的盲区或灰色地带。同时也经常造成结算不及时、不准确，使分包工程量结算超过总包向业主结算的工程量。

在基于 BIM 技术的分包管理过程中，BIM 模型集成了进度和预算信息，形成 5D 模型。在此基础上，在总预算中与某个分包关联的分包预算会关联到分包合同，进而可以建立分包合同、分包预算与 5D 模型的关系。通过 5D 模型，可以及时查看不同分包相关工程范围和工程量清单，并按照合同要求进行过程计量，为分包结算提供支撑。同时，模型中可以动态查询总承包与业主的结算及收款信息，据此对分包的结算和支付进行控制，真正做到“以收定支”。

（三）全生命期 BIM 管理平台应用价值

建设工程项目在协同工作时常常遇到沟通不畅、信息获取不及时、资源难以统一管理等问题。目前，大家普遍采用信息管理系统，试图通过业务之间的集成、接口、数据标准等方式来提高众多参建者之间的协同工作效率，但效果并不明显。BIM 技术的出现，带来了建设工程项目协同工作的新思路。BIM 技术不仅实现了从单纯几何图纸转向建筑信息模型，也实现了从离散的分步设计和施工等转向基于统一模型的全过程协同建造。BIM 技术为建设工程协同工作带来如下的价值。

第一，BIM 模型为协同工作提供了统一管理介质。传统项目管理系统更多的是将管理数据集成应用，缺乏将工程数据有机集成的手段。根本原因就是建筑工程所有数据来自不同专业、不同阶段和不同人员，来源的多样性造成数据的收集、存储、整理、分析等难度较高。BIM 技术基于统一的模型进行管理，统一了管理口径。将设计模型、工程量、预算、材料设备、管理信息等数据全部有机集成在一起，降低了协同工作的难度。

第二，BIM 技术的应用降低了各参与方之间的沟通难度。建设工程项目不同阶段的方案和措施的有效实施，都是以项目参与人员的全面、快速、准确理解为基础，而 2D 图纸在这方面存在障碍。BIM 技术以 3D 信息模型为依托，在方案策划、设计图纸会审、设计交底、设计变更等工作过程中，通过 3D 的形式传递设计理念、施工方案，提高了沟通效率。

第三，BIM 技术促进建设工程管理模式创新。BIM 技术与先进的管理理念和管理模式集成应用，以 BIM 模型为中心实现各参建方之间高效的协同工作，为各管理业务提供准确的数据，大大提升管理效果。在这个过程中，项目的组织形式、工作模式和工作内容等将发生革命性的变化，这将有效地促进工程管理模式的创新与应用。

三、BIM 项目管理策划

（一）BIM 项目实施计划制定的必要性

1. 传统项目管理的挑战

建筑业产品的单一性、项目的复杂性、设计的多维度、生产车间的流动性、团队的临时性、工艺的多样性等给建筑业的精细化管理带来极大的挑战，且多年来国家对固定资产投资的青睐，使得建筑业成为长期利好行业之一。因而无生存之忧的建筑企业主观上缺乏提升管理水平的动力，直接造成建筑业生产能力的落后。

目前项目管理面临的挑战主要包括：

（1）更快的资金周转、更短的工期带来工期控制困难

现在项目工期一般都比较紧张，如何在较短的工期内完成项目建造与交付运营，对参与项目的任何一方都是巨大的挑战。有效控制工期的途径是更少的变更、更少的重复工作、更高效的协调、更高的生产效率。通过缩短工期，可以降低企业资金压力，控制企业财务成本支出。

（2）三边工程，图纸问题多，易造成返工

大型复杂项目面积大、专业多、管道设备错综复杂。如果依据以往的作业方式（2D 蓝图交互、交底、审核），一是工作量巨大，二是图纸错误非常多且事前无法发现，造成返工，成本增加，延误工期。只有通过 3D 虚拟、碰撞检查，才能提前快速预见问题，整体控制项目实施风险。

（3）工程复杂，技术难度高

当前越来越多的项目设计复杂，技术难点多，工序繁杂。依靠传统的作业方式与技术手段，项目实施风险系数很高。必须综合运用现代化的信息系统、BIM、云计算等技术手段，才能保证项目高效率、高质量、低成本地运行。

（4）成本管理复杂程度高

项目建造成本大，涉及上下游预结算，进度款支付等，投资的管理复杂，数据处理缓慢，容易失控。而且通常在过程中很难发现问题，在最后结算才发现，为时已晚。

（5）项目协同产生较多错误且效率低下

对于大型复杂项目，因为参与方多、信息量庞大、涉及的分支专业（系统）多，传统低效的点对点协同共享往往产生很多理解不一致等问题，效率低下导致延误工期。项目参与各方应在统一的信息共享平台、统一的 BIM 数据库系统、统一的流程框架下进行作业，才能高效协同。

（6）施工技术、质量与安全管理难度大

目前项目对施工质量要求高，对施工安全风险因素控制严格。但项目涉及施工专业

多、队伍多、机械多，影响施工质量与风险因素多，需要提前应对。这些挑战的根源之一是建筑业普遍缺乏全生命期的理念。建筑物从规划、设计、施工、竣工后运营乃至拆除的全生命期过程中，建筑物的运营周期一般都达数十年之久，运营阶段的投入是全生命期中最大的。尽管建筑竣工后的运营管理不在传统的建筑业范围之内，但是建筑运营阶段所发现的问题大部分可以从前期规划、设计和施工阶段找到原因。由于建筑的复杂性以及专业的分工化的发展，传统建筑业生产方式下，规划、设计、施工、运营各阶段存在一定的分离性，整个行业普遍缺乏全生命期的理念，存在着大量的返工、浪费与其他无效工作，造成了巨大的成本与效率损失。

2. BIM 项目实施策略

BIM 项目实施策略，和企业制定的目标有直接关系。企业制定的 BIM 实施目标，又受到企业对 BIM 的认知水平及期待的直接影响。一般来说，企业的期待与 BIM 实施目标，大致归纳为 3 种，第一种，确信 BIM 已经成为了行业大趋势，需要在战略层面重视并进行投入，建立企业 BIM 中心来实施 BIM 技术的研究与推广；第二种，对 BIM 技术的先进性持肯定态度，但是对新技术的引进更为谨慎，出于企业自身情况的考虑，在项目级的 BIM 应用方面下功夫做积累，培养团队；第三种，了解 BIM 的时间较短，还处于学习阶段，缺乏足够的技术储备、人才储备和资金来支持 BIM 技术的应用与推广，故以工具级的 BIM 应用为主，如三维建模、碰撞检查、虚拟漫游、动画等。

以上 3 种，分别可以概括为工具级实施目标、项目级实施目标和企业级实施目标。同时这三者，又是递进的关系，工具级实施目标达成后，必然会产生项目级实施的需要，项目级实施目标的达成，又必然会产生企业级实施的需要。所以在做计划的过程中，需要以下一步的目标做导向，企业制定的计划才会有很好的连续性。

工具级实施，策略相对简单，引进或者培训几名具备 BIM 软件操作能力的操作人员的同时，购置相应的软件与硬件设备即可。

项目级实施，牵涉到的岗位较多，应用内容也较复杂，同时要面临制度冲突及利益冲突的问题，需要进行统一管理和协调。项目级实施由于其本身的复杂性，同时由于新技术实施带来的作业方式与管理制度的改革，可能会引发一系列的阻力。全面普及的推广，需要决策层、中层和基层人员统一认识。从项目试点到全员推广，会需要较长的时间周期。

企业级实施，是出于企业集团集约化、精细化管理需求，以 BIM 平台为依托，以具体流程制度为保证，从业务、技术等方面入手，加强对各个项目部支持和监管力度。企业级的实施和项目级实施不同的地方在于，企业级管理的是多项目，需要建立企业级 BIM 平台。企业级实施的周期，相比项目级实施的周期要长，复杂度也大幅增加，需要整体协调的工作也比较多。因此，做好企业级 BIM 实施在单个项目试点成功的基础上，还需要聘请专业 BIM 顾问，以整体角度考虑企业级 BIM 实施方案、策略、步骤等。企业级 BIM 实施依旧会遇到大量需要调整或二次研发的应用需求，所选择的 BIM 顾问应具备较强的研发实力，为后续应用功能的完善及 BIM 顺利实施打下良好基础。

3. BIM 实施的方法

从施工企业 BIM 实施的现状来看，主要有以下几种实施方式：

(1) 与 BIM 顾问团队的项目合作试点。此类模式的特点是：有专门的 BIM 顾问进行现场指导实施，进行企业 BIM 团队的培训，通过 2～3 个 BIM 项目的合作，逐步组建企业的 BIM 团队，逐渐脱离厂商。

（2）采购系统，部署 BIM 平台。直接采购软件厂商提供的 BIM 系统，由企业内部组建 BIM 团队进行摸索，同时要求软件厂商提供定期的培训与指导，在学习中让 BIM 团队成长起来，并在公司项目中逐渐应用。这类模式除了需要一定的 BIM 团队人员基础，还需企业具备战略投入的决心，包括资金及执行方面。或是将 BIM 的项目合作与系统购买两者结合，通过试点同时锻炼团队使用系统的能力。

（3）自主研发。部分施工企业考虑到与专业的 BIM 顾问团队合作，可能会支付高额的成本，采购后能否成功落地还具备一定的风险，且采购的通用性系统，不一定完全符合企业内部的实际情况，故倾向公司内部自主研发。需要投入大量的人力物力，且由于经验不足，同样可能付出高昂的试错成本，行业内不乏类似企业。按现代社会专业分工的理念，采取此类方式在公司推进 BIM 技术可能风险更大。

项目级 BM 实施策略：通过项目试点以点带面，培养 BIM 团队。

项目级 BIM 实施，涉及到的 BIM 应用内容、岗位、专业等比较多，而且会横跨设计、施工、运维等多个阶段。不同阶段、专业、协作单位之间等，BIM 应用点与协调工作会比较多，需要规划好 BIM 实施内容，并做好建模标准、流程等制度建设工作。

通常情况下，项目级 BIM 实施，主要是为了通过项目试点了解 BIM 应用价值，培养 BIM 团队成员，为企业级 BIM 实施夯实基础。因此，企业对 BIM 技术如果还处于入门阶段，可聘请专业的 BIM 顾问团队提供服务。优秀的 BIM 顾问公司在多个案例实践的过程当中，积累了足够的经验，通常有一套规范的 BIM 实施内容，通过与专业的 BIM 顾问团队合作，可以快速将其他项目的知识与经验复制到企业内部，降低了企业的学习、试错和时间成本，同时也降低了实施风险。

项目级 BIM 实施，还要面对应用软件的选择问题。BIM 软件种类繁多，且大都自成体系，比如 Autodesk 系列、Bentley 系列、Dassault 系列、鲁班 BIM 系列、广联达系列等，不同的系列有各自的优势和劣势。比如 Autodesk 系列软件在民用建筑市场的设计阶段有很好的表现；Bentley 系列软件产品在工厂设计（石油、化工、电力、医药等）和基础设施（道路、桥梁、市政、水利等）领域有无可争辩的优势；Dassault 系列软件产品适合，起源于飞机制造业，在制造业、机械加工方面表现特别出众，对于工程建设行业复杂形体处理能力也比较强，但操作过于复杂，并不适用于国内传统建筑业的要求；鲁班 BIM 系列，专注于建造阶段，形成了围绕基于 BIM 的工程基础数据库的成熟的全过程解决方案，为施工阶段 BIM 应用提供强大的技术支持和数据支持，符合国内的各种规范要求，适合国内建设项目的实际需求；广联达系列由于其在计价产品方面的优势，和长期耕耘中国北方市场，在中国北方市场知名度很高，现在也已经开始发力开发 BIM 5D、BIM 审图等单机 BIM 软件。专业的 BIM 顾问团队可以组合利用不同的软件来实现委托方的应用需求，在相对较低的成本、较短的时间内，确保项目级 BIM 实施落地。

建模标准、数据标准、流程建设等工作，也是项目级 BIM 应用成功的保障，而这些工作通常是经过多个 BIM 项目的实践总结归纳起来的。优秀的 BIM 团队，会有一套比较成熟的实施方法论，对于企业来说，与专业 BIM 团队合作可以减少很多摸索工作。

(二) 如何制定BIM项目实施计划

1. 项目策划阶段

(1) 理解BIM应用

一个项目在确定应该选择哪些BIM应用点时受多种因素影响，如业主的要求、公司验证BIM技术应用的要求、通过BIM技术应用来提高项目的生产效率和质量的要求等。无论哪一种因素，首先，要求项目BIM团队深刻了解该项目应用BIM技术的目的和价值。只有了解为什么应用BIM技术，才能保证项目实施过程中能有目的地支持和配合相关的工作，做到有的放矢，避免盲目使用的情况发生。其次，要求项目团队对BIM技术有整体的认识和了解，如BIM定义、目的、价值以及应用范围和内容等，尤其需要重点了解每个BIM应用点能给项目带来什么价值，从而进一步分析、选择适合本项目的应用点。目前，可以通过很多方式了解各个BIM技术应用点，最直接的方式就是求助于各个软件供应商或咨询公司，了解其产品及服务。

(2) 确定BIM技术应用点和应用流程

1) 确定BIM技术应用点

项目BIM团队根据本项目特点、项目实施BIM的目的和需求、项目团队的能力、当前的技术水平、BIM实施成本、项目经济社会效益等多方面综合考虑选择最佳效果的BIM实施方案。

项目BIM团队应详细讨论每个BIM技术应用点是否适合本项目的具体情况，包括每个应用点可能给项目带来的价值、实施的成本以及给项目带来的风险等，以确定该应用点是否适用于本项目，最后确定在该建设项目中实施哪些BIM技术应用点。

2) 设计BIM实施流程

有的项目会选择应用多个BIM技术应用点，为明确应用点实施步骤，需在该项目中设计BIM技术应用流程，明确各个应用点之间的关系和实施顺序。

BIM实施流程有2个层次：第一层为总体流程，说明该项目中计划实施的所有BIM技术应用点之间的关系及信息交换；第二层是详细流程，描述每个应用点的具体执行步骤及对应的数据交换。

实施总体流程的步骤如下：

① 明确项目应用的BIM技术应用点，绘制BIM技术应用流程图，把每个应用点当作1个过程加入到BIM应用流程图中。

② 梳理BIM技术应用点之间的关系，依据工程项目不同实施阶段（如规划、设计、施工或运维）的BIM应用内容排列各个BIM技术应用点在总体流程中的顺序和位置，使项目团队清楚理解各个BIM应用的实施先后顺序。

③ 为每个BIM技术应用过程定义责任方。有些BIM技术应用过程的责任方可能不止1个，规划团队需要仔细讨论哪些参与方最适合完成某个过程，被确定责任方需要清楚地确定执行每个BIM技术应用过程需要的输入信息以及由此而产生的输出信息。

④ 确定每一个BIM技术应用点的信息交换要求，即包含从一个参与方向另一个参与方传递的信息，包括过程内部活动之间、过程之间以及成员之间的关键信息交换内容。

在创建BIM技术应用总体流程图后，针对每一个确定的BIM技术应用点，需要进一步规划详细流程，以明确每一个BIM应用点中各个活动的顺序。BIM技术应用详细流程图包括如下3类信息：

① 参考信息：执行1个BIM技术应用点所需要的公司内部和外部信息资源。

② 活动：构成1个BIM技术应用点所需要的具有逻辑顺序的活动。

③ 信息交换：1个活动生产的BIM技术应用交付成果，可能会被以后的活动作为输入。

(3) 确定项目BIM实施策略

1) 确定实施方式

项目可以根据自身的情况选择BIM技术应用的实施方式，常见的实施方式有咨询实施、自行实施、组合实施等。咨询实施是聘请BIM专业咨询公司指导施工方实施BIM相关工作，咨询公司提交满足项目要求的成果，这种方式适用于对BIM技术有深刻理解和应用经验的项目团队；组合实施是在施工方统一管理下，部分BIM实施工作外包给第三方。在项目BIM实施工作中，施工方作为BIM技术实施者和应用者，对BIM技术应用工作应承担主导作用。由他们提出BIM技术应用工作要求，接受BIM技术应用交付成果，并对BIM服务方和参与方进行管理。各参与方按照与施工项目的合同约定，完成自身实施工作并积极配合其他参与方，最终提交相应的BIM技术应用工作成果。此方式适用于对BIM技术有一定了解的项目团队。

2) 制定信息交换需求策略

为了顺利实施BIM，BIM团队需要了解实施每个BIM技术应用点所需要的信息，明确流程中各过程之间关键的信息交换需求。

BIM技术应用流程确定项目参与方之间的信息交换行为，定义信息交换是要为每一个信息交换的创建方和接受方确定BIM要交换的内容，主要工作程序如下：

① 定义BIM技术应用总体流程图中的每一个过程之间的信息交换。明确交换信息是很有意义的，它能使所有参与方都清楚不同项目阶段的BIM技术应用应该交付什么成果，也使每个BIM过程的责任人更加清晰自己的工作范围和内容。

② 分解项目模型元素结构，使得信息交换内容的定义标准化。

③ 确定每一个信息交换的输入、输出信息要求。

④ 分配责任方负责创建所需要的信息。信息交换的每一个内容都必须确定负责创建的责任方，一般来说，信息创建方应该是信息交换时间点内容最容易访问信息的项目参与方。潜在责任方有设计院、总承包商、专业分包、业主、物业管理、供货商等。

⑤ 比较输入和输出的内容。信息交换内容确定以后，针对同一个BIM应用过程，当一个过程中的输出信息和自身的输入需求信息不一致时，项目团队需要进行专门讨论。

(4) 制定项目BIM实施的配套措施

BIM技术只有与项目管理体系相适应并结合应用，才可以发挥巨大价值。因此BIM技术应用不是简单工具软件的操作，它涉及BIM技术应用所需要的岗位协同和业务流程，涉及人才梯队的培养和考核，他需要相关配套制度的保障，需要软件硬件环境的支持。因此，项目引入BIM技术，不是采购几套BIM软件就万事大吉了，更需要通过内部研究讨论或专业BIM团队咨询，结合项目自身情况，建立合适的BIM技术应用实施配套体系。

1）明确项目 BIM 组织及职责。定义组织架构及组织中每个岗位角色的职责及需求，制定 BIM 相关岗位工作手册。

2）制定项目工作计划的管理机制和控制规范。明确各级项目计划的制定、检查流程，如整体计划、阶段计划、周计划。

3）建立沟通机制。包括电子文件沟通制定、会议制度，如为保证沟通及时，制定项目例会管理制度，定期举行项目协调会，规定各方参加人员，以发现和解决项目实施过程中出现的各种问题。

4）明确软硬件设置及其他设施需求。明确实施 BIM 需要的软件、硬件、网络配置要求，确定实施团队办公位置、培训地点等计划安排。

5）建立风险管理机制。对项目实施风险进行识别，并给出相应的解决方案，以便在风险发生时及时应对。

6）建立项目相关考核规范。包括实施团队成员考核规范、BIM 应用人员考核规范。

2. 项目实施阶段

（1）选型采购

选择合适的 BIM 产品及服务是 BIM 项目实施成功的关键步骤。选型主要是从选 BIM 应用软件、选服务、选供应商等几个方面来考虑。

1）选 BIM 应用软件产品

这里的“BIM 应用软件”是指用于实际工作的基于 BIM 技术的计算机程序或文件。由于这些软件是有不同的软件商开发，所以格式不同，有时无法兼容。这些产品从开发角度可以分为 2 类：一类是市场在售成熟的 BIM 应用软件产品，如 3D 设计产品、基于 BIM 技术的算量产品、碰撞检查产品。这些产品已经非常成熟，完全可以满足某些 BIM 应用点的需求。这也是一些基础的 BIM 技术应用，优点是项目实施难度低，缺点是各个 BIM 应用软件间的信息传递不够通畅、继承性差，适用于初步接触 BIM 技术的企业与项目。另一类是根据项目需求定制开发的 BIM 软件或解决方案。某些项目对 BIM 应用集成和协同应用有明确的需求时，可以采用定制开发的方式，这类属于 BIM 技术的深度应用，如某项目的 BIM 技术应用解决方案，是集成了技术、进度、合同、成本、项目管理与协同需求的综合解决方案，市场上的在售的产品很难满足其需求，就要通过与软件开发商合作定制开发适合本项目的 BIM 应用解决方案。由于此类深度应用一般都需要定制开发，优点是集成性好，能更好地满足项目的需求，但是缺点是成本和风险较高。

在选择 BIM 应用软件产品的时候，需要从 3 个维度去考虑。首先是产品的专业性，不仅是软件企业具有专业性，相应的软件产品也能够充分体现业务的专业性要求，同时又能够融合较为先进的理念；其次是产品的适应性，能够适应不同硬件环境、不同业务模式、不同业务流程的变化要求；最后是产品的集成性，不同的 BIM 应用软件会有数据交换的需求，亦可能在同一平台下集成应用。

2）选服务

服务是软性条件，包括 3 个方面的要求。第一是实施服务的能力，BIM 应用软件不是简单的产品应用，需要供应商提供咨询、培训、应用上线等一系列的实施活动来保证。还要考虑与 BIM 其他应用软件的衔接；第二是 BIM 咨询能力，BIM 实施过程对于施工企业现有业务及流程都有影响，这就要求供应商能够提供专业的 BIM 咨询服务来指导和保证业务及流程的顺畅；第三是持续改进的服务，要求供应商具有对BIM应用软件持续调整和优化服务的能力，保证所提供的BIM产品具有可持续性。

3）选供应商

在选供应商时，要重点关注3点。首先要从专业性角度考虑，所选产品与其企业主管业务一致，就是保证软件供应商的主营业务与BIM技术应用业务的一致；其次是长期历史积累，软件供应商应该在所从事的专业领域内有一定的积累，主要包括业务积累、产品积累、实施积累和专业人员的积累等；最后是样板用户，软件供应商不仅能提供专业的产品，同时应该有成功实施案例带来的最佳实践做保证，这样才能真正体现出软件产品的实用性和效果。

（2）数据准备

基础数据是应用BIM技术开展业务工作的基础，实施过程中，基础数据的准备是BIM应用软件稳定性的重要影响因素，因此务必引起重视。基础数据的准备与软件供应商确定开发方案时予以明确，可以作为后期项目试运行或正式应用的依据。

1）各个专业模型文件

必须严格按照建模规范创建各个专业模型。模型是所有BIM技术应用的基础，因此，模型质量的高低是影响BIM技术应用成功的关键因素。不同BIM技术应用对模型有着不同高度要求，也可采用不同的建模软件，在建模工作开始之前，应该做好模型创建的规划工作，如建立统一的建模规范和相关文件管理规范，以保证BIM技术应用的效果。

① 制定项目BIM建模规范

为了保证不同专业的BIM模型可以正确集成并能用于后续应用，建立符合项目要求的建模规范具有重要意义。建模规范明确了模型的集合位置、不同专业的建模精度及深度、属性的要求等。建模规范包括通用规范及各专业规范。通用规范包括以下内容：

A. 建模软件标准，确定各专业采用的建模软件及版本；

B. 模型整合和数据交换，确定软件提交模型原始格式、BIM连接模型要求、浏览模型要求、BIM模型导出数据标准规范等；

C. 建模公共信息，包括统一模型原点、统一单位、度量制、统一模型坐标系、统一楼层标高等；

D. 模型文件命名规定，模型依照设计系统的拆分原则，将模型文件分为工作模型和整合模型两大类，工作模型指设计人员输入包含建筑内容的模型文件，整合模型指根据一定规则将工作模型整合起来成为建筑系统的模型（成果模型或浏览模型格式）；

E. 模型构件颜色规定，模型构件应有统一的颜色规定。

② 在通用规范的框架下，各专业分包指定专业内部的专业建模标准。专业建模标准内容包括：

A. 各专业模型构件级别的建模精度（LOD）；

B. 机电系统划分规范，确定划分原则以及系统构件划分表，在本层次的划分表中，可以是专业级别，具体专业内容划分可以由各专业建模团队确定；

C. 模型各类构件的分类及细化命名标准；

D. 模型各类构件的关键属性录入要求；

E. 模型数据导出标准等。

③ 制定 BIM 应用文件管理规范

为了在项目 BIM 实施过程中高效有条理地管理和使用各参与方之间的资料、数据、成果以及往来函件等文件，记录 BIM 技术运用的过程，实现各项交付成果的版本控制，需要规划清楚项目文件夹目录结构。

通常文件夹一级目录结构可以从公共信息、往来文件、工作模型、存档模型、应用成果、工作记录、模型中心、标准模板、参考资料、其他杂项等几个方面建立。

在文件目录结构建立好之后，项目参与方按照文件目录进行文件存储，如无特殊需要尽量不要调整一级目录结构。二级及以下的文件夹结构使用者可根据具体情况进行适当的调整，调整时，文件夹的编号应按原有统计文件夹编号顺序。

2）系统运行所需的项目组织信息和项目基本数据

项目组织信息包括组织机构、合作单位、用户信息等。

基本数据包括楼层信息、机械、物资、成本、流水段等。

3）系统模块及功能权限分配表

各部门、各用户的权限分配，形成权限分配文档。

4）各功能模块运行所需要的各部门业务数据

包括项目总进度计划与各专业子计划、施工日报、各专业图纸目录、图纸电子文档及图纸相关附属单据、总分包合同、进度和图纸相关配套工作包及其他系统运行所需要的各业务部门的业务数据等。

（3）项目应用

项目试运行之后，进入正式应用与维护阶段，此时更要注意 BIM 技术应用的持续推进。因为此时软件供应商实施团队已经离开现场，任何松懈都会造成前功尽弃。这就需要从几个方面进行保证：一是要明确专门的团建运维人员，负责 BIM 应用软件产品的维护、优化更新工作；二是根据项目需要与供应商签署维护合同，业务变化会引起产品调整，这就需要有供应商对软件稳定性、适应性负责；三是建立 BIM 应用考核机制，针对应用 BIM 技术的业务部门及人员进行考核，并将考核结果纳入部门或个人绩效；四是建立完善的管理制度，包括权限分配制度、软件运行制度等，保障 BIM 技术能够持续地应用与优化。

试运行阶段是以使用熟悉 BIM 应用软件为目的进行的，而正式应用阶段是正式应用 BIM 软件，并采用真实完整的数据。以某 BIM 综合应用项目为例，在正式应用阶段需要具体完成以下工作：

1）完善 BIM 软件运行管理制度与内部支撑体系；

2）签订运行维护合同；

3）将 BIM 应用纳入工作考核规范；

4）按照运行制度应用 BIM 软件；

5）维护 BIM 软件与备份数据；

6）反馈与跟踪软件问题；

7）持续优化与改进 BIM 软件。

（三）案例——项目BIM实施策划

1. 本工程BIM系统概述及目标

（1）工程BIM系统概况

某项目的建筑信息模型包括了实体信息和非实体信息（如建筑构件的材料、质量、价格、进度和施工等等集成了建筑工程项目各种相关信息的工程数据）。我司将采用BIM技术配合施工，对后期的设备、机电、幕墙等专业进行总包管理，避免因错、漏、碰、缺带来的返工、复工。

（2）总承包在BIM整体项目中的作用和地位

总承包项目经理部设立BIM技术总监和BIM团队，并拟聘专业BIM团队，完成BIM模型建立的信息收集整理、维护及协调工作，总承包组织协调全体相关参建单位参与使用BIM进行综合技术和工艺协调。

总承包应使用BIM模型对总控施工计划、总体施工方案进行模拟演示。

总承包与专业BIM团队密切配合，完成和实现BIM模型的各项功能，并积极利用BIM技术手段指导施工管理。

总承包和业主在专业工程和独立分包工程合同中明确分包单位建立和维护BIM模型的责任，总承包负责协调、审核和集成各专业分包单位、供应单位、独立施工单位等提供的BIM模型及相关信息。

（3）BIM系统应用目标及方向

具体为：在施工全过程中对深化设计、施工工艺、工程进度、施工组织及协调配合方面高质量运用BIM技术进行模拟管理，实现工程项目管理由3D向4D、5D发展，提高本工程管理信息化水平，提高工程管理工作的效率，为本工程全生命期管理中提供施工管理阶段数字化信息，充分保障业主后期工程运营管理。

（4）本工程BIM系统应用方向

本工程BIM系统应用方向是进行本工程建造过程中信息的建立与集成。

具体为：在整个工程深化设计、施工进度、资源管理及施工现场等各个环节，进行信息的建立与收集，最终形成完整的竣工信息模型，从而完成工程全生命期管理环节中施工环节的信息建立，保证从设计到施工的BIM信息的延续性和完整性。

2. BIM组织架构工作职责

（1）组织架构（图3-1）

（2）总包分工职责

总包BIM团队将致力推动在本项目中运用BIM技术和管理手段，提高工程管理水平和技术水准，以期更好地完成项目，并为今后的运营打下良好的基础。

专业BIM团队负责项目BIM工作的整体规划、监督、指导和实施管理。

1）总包BIM组织架构

总包BIM团队作为BIM服务过程中的具体执行者，负责将BIM成果应用到具体的施工工作中，并按不同专业，对分包单位进行协调管理，从现场施工管理的角度出谋划策。

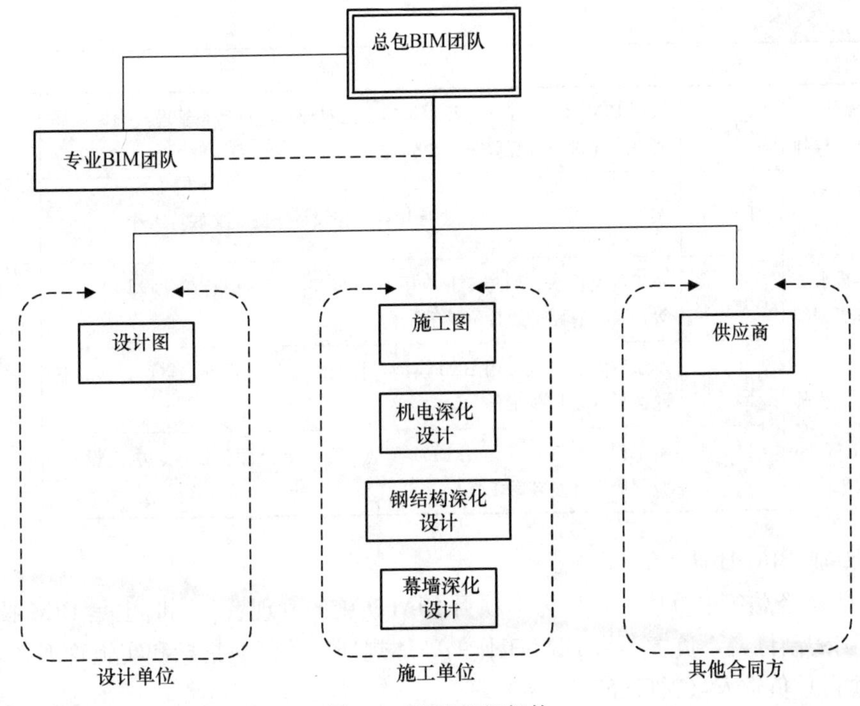

图 3-1 BIM 组织架构

2）总包 BIM 团队机构如图 3-2 所示。

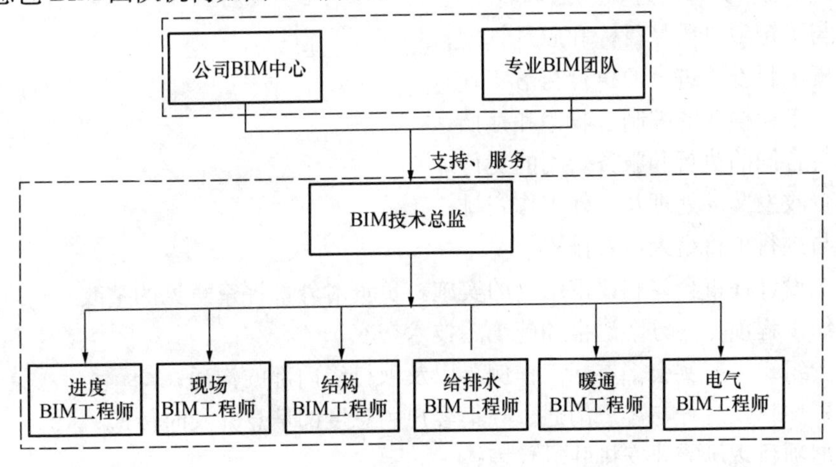

图 3-2 总包 BIM 团队机构

3）本工程 BIM 深化设计团队岗位职责见表 3-1。

BIM 深化设计团队岗位职责 **表 3-1**

序号	岗位	职称	职责	人数（名）
1	BIM 技术总监	工程师	全面负责本工程 BIM 系统的建立、运用、管理，与聘请 BIM 团队对接沟通，全面管理 BIM 系统应用情况	1
2	进度 BIM 工程师	工程师	项目计划管理系统，进行编制并建立与之相兼容的项目管理信息平台及系统，并对接业主相关计划管理人员，运用 BIM 系统进行施工现场进度计划 4D 模拟和计划的编制与检查，加强施工现场管理	1

续表

序号	岗位	职称	职　责	人数（名）
3	现场BIM工程师	工程师	采用BIM系统，进行3D模拟施工，对现场进行动态管理，确保现场管理有序进行，保障施工整体进度	1
4	结构BIM工程师	工程师	本工程结构专业BIM模型应用，深化设计、施工交底等工作	1
5	给排水BIM工程师	工程师	本工程给排水、消防专业应用BIM模型，管线综合深化设计、水泵等设备，管路的设计复核等工作	1
6	暖通BIM工程师	工程师	本工程暖通专业应用BIM模型，管线综合深化设计、空调设备、管路的设计复核等工作	1
7	电气BIM工程师	工程师	本工程给电气专业运用BIM模型，管线综合深化设计、电气设备、线路的设计复核等工作	1

（3）专业BIM团队

BIM团队经总包单位授权，作为本项目BIM实施的管理者，同时也是BIM技术标准和实施规则的制订者，负责项目BIM工作的整体规划、监督、指导和实施管理。

1）项目总负责人（项目经理）

① 与招标人沟通的对接人，统一归口；协调与招标人及其他相关部门的关系，负责与招标人及其他相关部门进行沟通和联络；

② 参与确定项目质量目标和质量管理；

③ 负责项目设计进度的执行与落实；

④ 负责工程档案的编制、收集和存档；

⑤ 监督合同的执行和服务费用的支付；

⑥ 负责收发文件处理及对外工作安排；

⑦ 参与进行项目组人员安排；

⑧ 组织设计评审会议和评审结论的实施，负责对外部评审意见的整改；

⑨ 组织工程项目的方案汇报和施工图技术交底；

⑩ 负责组织生产例会、贯标工作例会以及项目组内部的沟通；

⑪ 负责项目全过程与客户沟通、收集客户满意度的信息并及时传递；

⑫ 根据项目现场需要安排驻场代表；

⑬ 依据招标人要求参加各类设计联络会、设计例会，以及其他重要会议。

2）BIM专业负责人

① 工程设计的具体执行人；

② 负责本专业的实施策划、质量控制、进度控制；

③ 负责专业内部的人员安排和分工；

④ 与招标人以及其他政府部门的相关人员和部门进行技术交流；

⑤ 负责项目模型、成果的校对、审核（各专业交叉、背靠背工作方式），以及技术交底、现场服务等；

⑥ 负责具体技术方案的实施；

⑦ 负责贯标工作的具体实施；

⑧ 依据招标人要求参加各类设计联络会、设计例会，以及其他重要会议。

3）BIM工程师

① 图纸数据归纳整理；

② 建筑机电模型搭建；

③ 图纸相关数据数据录入；

④ 对BIM模型进行二次数据分析提取；

⑤ 基于BIM制作各种展示模型，出具各种报告；

⑥ 各方修改意见在BIM模型实施更新。

3. 软件及硬件要求

总包需负责任何关于设立提供BIM项目经理、许可证、软件、设备、安装、维护、操作、培训、协调、技术支持的一切成本费用，硬件的最低要求需符合Autodesk®建议"性能优先（Performance)"的系统配置要求。

（1）BIM技术应用常用软件

项目的建筑信息模型（BIM）设计内容包括建筑、结构、机电、幕墙、景观、市政等多个专业，不同的专业其建模标准和模型的深度有较大差异，当前市场上技术比较成熟的BIM软件众多，从其具体应用上大致可以分为以下几类：

1）方案设计：Robert McNeel Rhino、Dassault Catia、Trimble Navigation Sketch-up、Autodesk Ecotect；

2）施工图设计：Autodesk Revit2015、Bentely ABD系列、ArchiCAD、MagiCAD；

3）深化设计：Autodesk Revit2015、Bentely ABD系列、MagiCAD、Tekla；

4）专业协调：Autodesk Navisworks；

5）渲染模拟：Autodesk Navisworks、3DMax、Dassault Delmia；

6）施工算量：RIB iTWO、广联达、鲁班；

7）运营维护：智慧建筑管理平台。

（2）BIM硬件配置（表3-2）

BIM硬件配置 **表3-2**

应用场景	硬件要求
BIM模型搭建、专业计算、施工图制图、管线综合等工作	Intel® Core™ i7-4790 3.4GHz 四核 8M 三级缓存 内存 DDR3 1333MHz（4GB×4） NVIDIA Quadro600 1G PromoGraphics DP DVI SSD固态硬盘256G 1T HDD硬盘 SATA Ⅲ 7200转 22″液晶宽屏 ×2（1680×1050）
模型整合、参数化设计、幕墙深化	CPU 4核 x4，三级高速缓存16M 显存 2GB 华硕 ASUS GTX680，256-bit，3D API 最高支持 DirectX 11 2DVI 1HDMI，1DP 高速内存128G，最大支持512G 512G SSD固态硬盘，2T HDD硬盘 主板支持4个处理器、SATA Ⅲ接口 DVD刻录光驱 22″液晶宽屏 ×2（1680×1050）

续表

应用场景	硬件要求
BIM移动工作、驻场工作、现场办公	英特尔® 酷睿™ i7-3840QM 处理器（8MB 缓存，最高至 2.8GHz，采用 Turbo Boost 2.0） 17.3 英寸 WideFHD（1920×1080）WLED LCD 2GB GDDR5 Nvdia Geforce GTX 675M 16/32GB 1600MHz DDR3 SDRAM（2/4×8GB） 英特尔®迅驰®无线-N 2230 含蓝牙 4.0 硬盘 256G SSD，HD 硬盘 1T+1T 5400/7200 rpm SATA Ⅲ，P11，4K，AQU-B 8X DVD+/-RW 驱动器
BIM建筑动画漫游、施工模拟、5D模拟	Xeon E7-4807　1.86GHz 64G DDR3 4×16GB 最大支持 8 块串行连接的 SCSI（SAS）或 16 块 SAS SSD 硬盘　最大硬盘 4T RAID5 双千兆网卡 系统支持：Windows Server 2008（Standard，Enterprise 和 Data Center Edition，32 位和 64 位） 32 位和 64 位 Red Hat Enterprise Linux SUSE Enterprise Linux（Server 和 Advanced Server） VMware ESX Server/ESXi 4.0

4. BIM标准

（1）模型命名规则

1）BIM模型文件命名规则

项目代码-类型-分区-专业-描述-版本

① 项目代码：用于识别项目的代码，由项目管理者制定；

② 类型：建筑类型；

③ 分区：用于识别模型文件与项目的哪个建筑、地区、阶段或分区相关（如果项目按分区进一步细分）；

④ 专业：专业识别码，用于识别模型所属专业；

⑤ 描述：描述性字段，用于进一步说明文件中的内容。避免与其他字段重复；

⑥ 版本：模型修正之后的版本数。

2）BIM模型内构件命名规则

模型元素的命名规则一般是按照功能用途、楼层、构件名称、尺寸大小、部位（内外）例如建筑一层建筑墙 800×800 内墙的表示方式如图 3-3 所示。

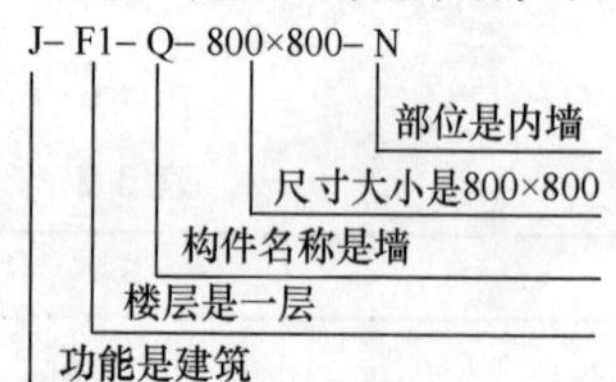

图 3-3　内墙的表示方式

构件编码参照《中国建筑信息分类编码标准 信息分类编码》中的附录二：工程量清单分部分项代码分类。

3）模型拆分

各专业的拆分原则如下：

① 土建模型拆分原则（从高到低）

A. 按建筑分区；

B. 按施工缝；

C. 按单个楼层；

D. 按构件或系统。

② 机电模型拆分原则

A. 竖向拆分以每层为一个单位；

B. 地上部分水平拆分原则上以每层为一个单位；

C. 地下部分面积过大时以防火分区或人防分区为单位划分。

③ 钢结构模型拆分原则

钢结构模型拆分原则上应按照建筑分区、单个楼层以及构件类别进行拆分，但应考虑其构件的完整性。

(2) 建模公用的标准信息设置

在BIM建模的过程中，必须首先明确项目公共信息的设置要求，确保各方模型能够正确整合。确定项目基点：以项目轴网中的轴交点为项目基点，项目单位设置为mm；使用相对标高，以±0.000m作为Z轴坐标原点；确定项目北方朝向。

1) 模型搭建依据

① 图纸等设计文件；

② 总进度计划；

③ 当地规范和标准；

④ 其他特定要求。

2) 模型更新依据

① 设计变更单、变更图纸等变更文件；

② 当地规范和标准；

③ 其他特定要求。

(3) 第一版模型的细度要求及建模方法

1) 第一版模型细度

第一版模型于中标后2个月内建立模型，以下信息输入在第一版模型建立时可根据实际情况调整。

① 建筑专业模型细度要求（表3-3）

建筑专业第一版模型细度要求 **表3-3**

构件名称	模型细度要求	
	工程量信息	造价清单信息
场地	—	—
墙	类别、材质、规格、单位、数量	编码、项目特征、单位、工程量、单价
建筑柱	类别、材质、规格、单位、数量	编码、项目特征、单位、工程量、单价
幕墙	类别、材质、规格、单位、数量	编码、项目特征、单位、工程量、单价
外立面	类别、材质、规格、单位、数量	编码、项目特征、单位、工程量、单价
门、窗	类别、材质、规格、单位、数量	编码、项目特征、单位、工程量、单价
屋顶	类别、材质、规格、单位、数量	编码、项目特征、单位、工程量、单价
地板	类别、材质、规格、单位、数量	编码、项目特征、单位、工程量、单价

续表

构件名称	模型细度要求	
	工程量信息	造价清单信息
天花板	类别、材质、规格、单位、数量	编码、项目特征、单位、工程量、单价
楼梯（含坡道、台阶）	类别、材质、规格、单位、数量	编码、项目特征、单位、工程量、单价
电梯（直梯）	单位、数量	单位、工程量、单价
卫浴洁具	单位、数量	单位、工程量、单价

② 结构专业模型细度要求（表3-4、表3-5、表3-6）

地基基础第一版模型细度要求 **表3-4**

构件名称	模型细度要求		
	几何信息、非几何信息	工程量信息	造价清单信息
基础	物理属性，基础长、宽、高基础轮廓；表面材质颜色类型属性，材质，二维填充表示；材料信息，基础大样详图	（混凝土、钢筋、模板）类别、材质、类型、单位、数量	编码、项目特征、单位、工程量、单价
基坑工程	物理属性，基坑长、宽、高表面；基坑围护结构构件长、宽、高及具体轮廓	（材料）类别、材质、规格、单位、数量	编码、项目特征、单位、工程量、单价

混凝土结构第一版模型细度要求 **表3-5**

构件名称	模型细度要求	
	工程量信息	造价清单信息
楼板	（混凝土、钢筋、模板）类别、材质、类型、单位、数量	编码、项目特征、单位、工程量、单价
梁	（混凝土、钢筋、模板）类别、材质、规格、单位、数量	编码、项目特征、单位、工程量、单价
柱	（混凝土、钢筋、模板）类别、材质、规格、单位、数量	编码、项目特征、单位、工程量、单价
梁柱节点	（混凝土、钢筋、模板）类别、材质、规格、单位、数量	编码、项目特征、单位、工程量、单价
结构墙	（混凝土、钢筋、模板）类别、材质、规格、单位、数量	编码、项目特征、单位、工程量、单价
结构开洞	类别、材质、规格、单位、数量	编码、项目特征、单位、工程量、单价

钢结构第一版模型细度要求 **表3-6**

构件名称	模型细度要求	
	工程量信息	造价清单信息
柱	（钢材）类别、材质、类型、单位、数量	编码、项目特征、单位、工程量、单价
桁架	（钢材）类别、材质、规格、单位、数量	编码、项目特征、单位、工程量、单价

续表

构件名称	模型细度要求	
	工程量信息	造价清单信息
梁	（钢材）类别、材质、规格、单位、数量	编码、项目特征、单位、工程量、单价
柱脚	（钢材）类别、材质、规格、单位、数量	编码、项目特征、单位、工程量、单价

③ 机电相关各专业模型细度要求（表 3-7）

机电相关各专业第一版模型细度要求 **表 3-7**

专业	模型内容	模型细度要求	
		工程量信息	造价清单信息
给排水	管道 管件 阀门 设备	管道：类别、材质、规格、型号、长度、表面积、单位、数量 管件：类别、材质、规格、型号、单位、数量 阀门：类别、材质、规格、型号、单位、数量 设备：类别、材质、规格、型号、单位、数量	管道：编码、项目特征、单位、工程量、单价 管件：编码、项目特征、单位、工程量、单价 阀门：编码、项目特征、单位、工程量、单价 设备：编码、项目特征、单位、工程量、单价
通风与空调	风管、水管 管件 阀门 风口 机械设备	风管、水管：类别、材质、规格、型号、长度、表面积、单位、数量材质供应商信息 管件：类别、材质、规格、型号、单位、数量 阀门：类别、材质、规格、型号、单位、数量 风口：类别、材质、规格、型号、单位、数量 机械设备：类别、材质、规格、型号、单位、数量	风管、水管：编码、项目特征、单位、工程量、单价 管件：编码、项目特征、单位、工程量、单价 阀门：编码、项目特征、单位、工程量、单价 风口：编码、项目特征、单位、工程量、单价 机械设备：编码、项目特征、单位、工程量、单价
电气工程	配电箱 母线桥架线槽 电管 电缆	配电箱：类别、材质、规格、型号、长度、表面积、单位、数量 母线桥架线槽：类别、材质、规格、型号、单位、数量 电管：类别、材质、规格、型号、单位、数量 电缆：类别、材质、规格、型号、单位、数量	配电箱：编码、项目特征、单位、工程量、单价 母线桥架线槽：编码、项目特征、单位、工程量、单价 电管：编码、项目特征、单位、工程量、单价 电缆：编码、项目特征、单位、工程量、单价

2）第一版 BIM 模型建模方法

① 准备工作（表 3-8）

首先，分析图纸，确定工程类型、工程体量、结构形式，并优化图纸、确定标高。

BIM 模型可按建筑、结构、机电及地形等分拆模型建模，或按甲方指示进一步按大楼或其他标准分拆模型。

第一版BIM模型建模准备工作　　表3-8

<table>
<tr><td>工程类型</td><td colspan="2">酒店、住宅、商业中心等。不同类型的工程划分施工段的方法不一样，建模的方式也会有一些差异</td></tr>
<tr><td>工程体量</td><td colspan="2">工程的体量决定模型分割的多少、初期模型建立的翔实程度。小体量的工程一个模型就可以搞定，大体量乃至超大体量的工程可能会划分为几十上百个子模型</td></tr>
<tr><td>结构形式</td><td colspan="2">工程的结构形式也会影响模型建立的方式。砖混结构、框架结构、框剪结构、钢结构等不同的结构形式建立模型的方法也略微不同。例如框剪结构会建立一次结构集、二次结构集等，而砖混结构可能只需要建立墙柱集等</td></tr>
<tr><td>优化图纸</td><td colspan="2">剔除不必要的内容。这里优化图纸不像深化设计一样做加法，而是做减法：去除不必要的内容，方便后期Revit建模。例如一个构造极其复杂的建筑物，在建立主梁的模型时，需要先隐藏次梁的相关图层，以免眼花缭乱增加建模失误</td></tr>
<tr><td rowspan="2">确定标高</td><td>确定单位工程的标高</td><td>一个大型项目会由多个子单位工程构成，有时各个子单位工程之间的标高可能会不一致，这时需要将各子单位工程的标高、标高差找好，免除后期合成时再调整带来麻烦</td></tr>
<tr><td>确定各楼层的标高</td><td>标准楼层确定：确定各标准楼层的标高并记录；
确定隐藏的夹层，找出夹层的标高并记录；
电梯井：电梯井的底部与顶部也许与楼层标高有差异，如果电梯井较多，可以此记录各电梯井的标高并记录</td></tr>
<tr><td>检查并导出轴网</td><td colspan="2">（1）检查轴网尺寸是否与标注尺寸相符合；
（2）大型项目如有多个子单位工程，先将各子单位工程的轴网导出合并定位，再依次导出定位后的轴网</td></tr>
</table>

② 建模（表3-9）

第一版模型建模过程　　表3-9

<table>
<tr><td>划分区域</td><td colspan="2">根据工程类型、体量大小将模型分割</td></tr>
<tr><td>建立基础标高</td><td colspan="2">建立一个施工总基准标高模型，此模型包含各单位、子单位工程的基准标高</td></tr>
<tr><td>建立基准轴网</td><td colspan="2">（1）建立一个施工总基准轴网，用于工程总的定位和表现各单位、子单位工程的位置关系，包含总轴网和各单位、子单位工程模型的定位点；
（2）建立各单位、子单位工程的基准轴网</td></tr>
<tr><td>建立工作集（可选）</td><td colspan="2">按需建立工作集，将轴网、墙柱、梁板等构件分别置于各自的工作集，方便各专业工程师协作</td></tr>
<tr><td rowspan="2">建立结构构件</td><td>建立墙柱模型</td><td>参照CAD图纸、墙柱信息表进行结构墙柱模型的定位、建立，并置于其工作集当中。生成一次结构墙柱模型明细表</td></tr>
<tr><td>建立梁板模型</td><td>参照CAD图纸、梁板信息表进行结构梁板模型的定位、建立，并置于其工作集当中。生成一次结构梁板模型明细表</td></tr>
<tr><td rowspan="2">建立二次结构构件</td><td>建立二次结构墙体</td><td>参照CAD图纸进行二次结构模型的定位、建立，并置于其工作集当中。生成二次结构模型明细表</td></tr>
<tr><td>建立门窗洞口</td><td>参照CAD图纸进行门窗洞口模型的定位、建立，并置于其工作集当中。生成门窗洞口模型明细表</td></tr>
</table>

续表

划分区域	根据工程类型、体量大小将模型分割	
建立场地布置模型	场地布置图模型的特点	模型细度要求低；各个阶段的施工机具、材料场地、临建等布置的位置、型号可能会发生变化
	应对方案	简化模型，利用"阶段化"工具
	将主要构件合并	现场场地布置图所需模型细度较低，导出各子模型主要构件剔除次要构件后，将各子模型合成为"总图模型"
	添加施工机械	添加塔吊：将现场所需塔吊模型置入"总图模型"的相应位置 添加施工电梯：将施工电梯模型置入"总图模型"的相应位置 添加泵车泵管：将泵车泵管模型置入"总图模型"的相应位置
	临时办公设施与材料堆场	制作添加板房 制作添加材料堆场
	安全文明构件添加，制作工地围挡等	制作工地围挡及大门、制作临边防护、消防设施
	附近环境添加	建立街道、建立自然地质构造、添加河流、添加山坡
渲染出图	摄像机与画面的布置	隐藏次要构件 摄像机布置：调整合适位置、设定合适尺寸、调节画面景深
	渲染出图参数调整	画面质量：预览效果：低或中；最终出图：高或最佳 画面大小：预览效果：按需（一般按屏幕大小或更小）最终出图：按需（要求高可选择 300DPI） 画面背景：按需求选择背景，一般按插入文件的背景确定。例如施工方案一般背景为白纸，画面渲染背景就选择白色（或者随便定一个颜色，后期用 PS 或者相关软件将背景抠为透明）

（4）施工管理阶段 BIM 模型的细度要求

1）施工管理阶段 BIM 模型细度的选择

更新模型在施工阶段按月提交，若有变更指令发出后 2 周完成并提交更新模型；模型将满足让甲方分辨变更版本及相关更改内容。

2）施工管理阶段 BIM 模型内容

除满足施工管理阶段模型细度需要所必须的几何信息、非几何信息外，还应添加的造价信息见表 3-10、表 3-11、表 3-12、表 3-13、表 3-14。

① 建筑专业

建筑专业施工管理阶段模型细度要求　　表 3-10

构件名称	模型细度要求	
	工程量信息	造价清单信息
场地	—	—
墙	类别、材质、规格、单位、数量、墙材质供应商信息	编码、项目特征、单位、工程量、单价、合价、综合单价

续表

构件名称	模型细度要求	
	工程量信息	造价清单信息
建筑柱	—	—
幕墙	类别、材质、规格、单位、数量、材质供应商信息	编码、项目特征、单位、工程量、单价、合价、综合单价
外立面	类别、材质、规格、单位、数量、材质供应商信息	编码、项目特征、单位、工程量、单价、合价、综合单价
门、窗	类别、材质、规格、单位、数量、材质供应商信息	编码、项目特征、单位、工程量、单价、合价、综合单价
屋顶	类别、材质、规格、单位、数量、材质供应商信息	编码、项目特征、单位、工程量、单价、合价、综合单价
地板	类别、材质、规格、单位、数量、材质供应商信息	编码、项目特征、单位、工程量、单价、合价、综合单价
天花板	类别、材质、规格、单位、数量、材质供应商信息	编码、项目特征、单位、工程量、单价、合价、综合单价
楼梯(含坡道、台阶)	—	单价、合价、综合单价
电梯（直梯）	单位、数量、材质供应商信息	单位、工程量、单价、合价、综合单价
卫浴洁具	单位、数量、材质供应商信息	单位、工程量、单价、合价、综合单价

② 结构专业

地基基础施工管理阶段模型细度要求　　**表3-11**

构件名称	模型细度要求	
	工程量信息	造价清单信息
基础	（混凝土、钢筋、模板）类别、材质、类型、单位、数量、材质供应商信息	编码、项目特征、单位、工程量、单价、合价、综合单价
基坑工程	（材料）类别、材质、规格、单位、数量、材质供应商信息	编码、项目特征、单位、工程量、单价、合价、综合单价

混凝土结构施工管理阶段模型细度要求　　**表3-12**

构件名称	模型细度要求	
	工程量信息	造价清单信息
楼板	（混凝土、钢筋、模板）类别、材质、类型、单位、数量、材质供应商信息	编码、项目特征、单位、工程量、单价、合价、综合单价
梁	（混凝土、钢筋、模板）类别、材质、规格、单位、数量、材质供应商信息	编码、项目特征、单位、工程量、单价、合价、综合单价
柱	（混凝土、钢筋、模板）类别、材质、规格、单位、数量、材质供应商信息	编码、项目特征、单位、工程量、单价、合价、综合单价

续表

构件名称	模型细度要求	
	工程量信息	造价清单信息
梁柱节点	（混凝土、钢筋、模板）类别、材质、规格、单位、数量、材质供应商信息	编码、项目特征、单位、工程量、单价、合价、综合单价
结构墙	（混凝土、钢筋、模板）类别、材质、规格、单位、数量、材质供应商信息	编码、项目特征、单位、工程量、单价、合价、综合单价
结构开洞	类别、材质、规格、单位、数量、材质供应商信息	编码、项目特征、单位、工程量、单价、合价、综合单价

钢结构施工管理阶段模型细度要求 **表 3-13**

构件名称	模型细度要求	
	工程量信息	造价清单信息
柱	（钢材）类别、材质、类型、单位、数量、材质供应商信息	编码、项目特征、单位、工程量、单价、合价、综合单价
桁架	（钢材）类别、材质、规格、单位、数量、材质供应商信息	编码、项目特征、单位、工程量、单价、合价、综合单价
梁	（钢材）类别、材质、规格、单位、数量、材质供应商信息	编码、项目特征、单位、工程量、单价、合价、综合单价
柱脚	（钢材）类别、材质、规格、单位、数量、材质供应商信息	编码、项目特征、单位、工程量、单价、合价、综合单价

③ 机电相关各专业

机电相关各专业施工管理阶段模型细度要求 **表 3-14**

专业	模型内容	工程量信息	造价清单信息
给排水	管道 管件 阀门 附件 仪表 卫生器具 设备	管道：类别、材质、规格、型号、长度、表面积、单位、数量、材质供应商信息 管件：类别、材质、规格、型号、单位、数量、材质供应商信息 阀门：类别、材质、规格、型号、单位、数量、材质供应商信息 附件：类别、材质、规格、型号、单位、数量、材质供应商信息 仪表：类别、材质、规格、型号、单位、数量、材质供应商信息 卫生器具：类别、材质、规格、型号、单位、数量、材质供应商信息 设备：类别、材质、规格、型号、单位、数量、材质供应商信息	管道：编码、项目特征、单位、工程量、单价、合价、综合单价 管件：编码、项目特征、单位、工程量、单价、合价、综合单价 阀门：编码、项目特征、单位、工程量、单价、合价、综合单价 附件：编码、项目特征、单位、工程量、单价、合价、综合单价 仪表：编码、项目特征、单位、工程量、单价、合价、综合单价 卫生器具：编码、项目特征、单位、工程量、单价、合价、综合单价 设备：编码、项目特征、单位、工程量、单价、合价、综合单价

续表

专业	模型内容	工程量信息	造价清单信息
通风与空调	风管、水管 管件 阀门 附件 风口 仪表 机械设备	风管、水管：类别、材质、规格、型号、长度、表面积、单位、数量、材质供应商信息 管件：类别、材质、规格、型号、单位、数量、材质供应商信息 阀门：类别、材质、规格、型号、单位、数量、材质供应商信息 附件：类别、材质、规格、型号、单位、数量、材质供应商信息 风口：类别、材质、规格、型号、单位、数量、材质供应商信息 仪表：类别、材质、规格、型号、单位、数量、材质供应商信息 机械设备：类别、材质、规格、型号、单位、数量、材质供应商信息	风管、水管：编码、项目特征、单位、工程量、单价、合价、综合单价 管件：编码、项目特征、单位、工程量、单价、合价、综合单价 阀门：编码、项目特征、单位、工程量、单价、合价、综合单价 附件：编码、项目特征、单位、工程量、单价、合价、综合单价 风口：编码、项目特征、单位、工程量、单价、合价、综合单价 仪表：编码、项目特征、单位、工程量、单价、合价、综合单价 机械设备：编码、项目特征、单位、工程量、单价、合价、综合单价
电气工程	配电箱 母线桥架线槽 电管 电缆	配电箱：类别、材质、规格、型号、长度、表面积、单位、数量、材质供应商信息 母线桥架线槽：类别、材质、规格、型号、单位、数量、材质供应商信息 电管：类别、材质、规格、型号、单位、数量、材质供应商信息 电缆：类别、材质、规格、型号、单位、数量、材质供应商信息	配电箱：编码、项目特征、单位、工程量、单价、合价、综合单价 母线桥架线槽：编码、项目特征、单位、工程量、单价、合价、综合单价 电管：编码、项目特征、单位、工程量、单价、合价、综合单价 电缆：编码、项目特征、单位、工程量、单价、合价、综合单价

（5）BIM的工程竣工交付

1）成果交付内容及进度要求

第一版模型需于工期第一个月内提交；更新模型应在施工阶段按月提交，变更指令发出后2周完成并提交更新模型；模型需满足让甲方分辨变更版本及相关更改内容；竣工模型需于实际完工日前提交。所有BIM模型及从模型产生的成果归甲方所拥有，所有BIM模型及其成果将于项目竣工时归还甲方。

从模型创建施工图纸、从模型导出施工图纸作施工用途；从模型发出的平面图作批准用途；竣工图（2D施工图）和竣工模型一并提交。综合管线图需从模型创建；平面、剖面、立面等需从模型提取，其他大样亦需按要求提交；竣工综合管线图和竣工模型一并提交。留洞图需从模型创建并在现场施工前提交顾问审批。模型需附加施工步骤基础信息及进度计划时程表；施工步骤以动画（MP4格式）演示。

每次进度会议演示经协调后的漫游模拟；总承包方将安排经验丰富的操作员参与会议；定期按甲方指定路径安排渲染漫游模拟，演示协调成果。

通过对本工程的BIM规划和管理，在施工过程中实时根据项目的实际施工情况，修正原始的设计模型，项目竣工验收后，同步生成项目BIM竣工图，为后续的项目运营提供基础。在本工程竣工后，交付给业主的除了实体的建筑物外，还将有一个包含详尽、准确工程信息的虚拟建筑。BIM竣工图为一个全面的BIM竣工3D模型信息库，其包括本工程建筑、结构、机电等各专业相关模型大量、准确的工程和构件信息，这些信息能够以电子文件的形式进行长期保存。通过此竣工模型，可以帮助业主进一步实现后续的物业管理和应急系统的建立，实现建筑物全寿命期的信息交换和使用。

2）模型的使用和扩展

以竣工信息模型为依托制作立体的用户说明书，将模型中相关的信息进行集成，并提取其中的关键内容编制培训大纲。

信息的价值在于被使用的程度，在交付竣工模型后应对物业人员进行相应的培训，根据本工程分2个阶段进行验收的安排，将在每阶段分别进行3次以上正式培训课程，提高物业人员对BIM模型的掌握和使用熟练程度。

在建筑物的寿命期内，应继续对竣工模型进行维护，将运营中产生的新信息输入到模型中，保证模型的数据丰富和及时响应。

3）正常运行模式演示

对不同时间，如工作日、节假日、特别会议日等情况下的建筑物运行模式进行演示，确定物业管理的安排和要求。

对不同的机电工况，如空调系统的冬、夏季等状况下的建筑物运行模式进行演示，确定物业管理的安排和要求，以及主要机电系统操作次序。

4）以往工程的竣工模型（图3-4）。

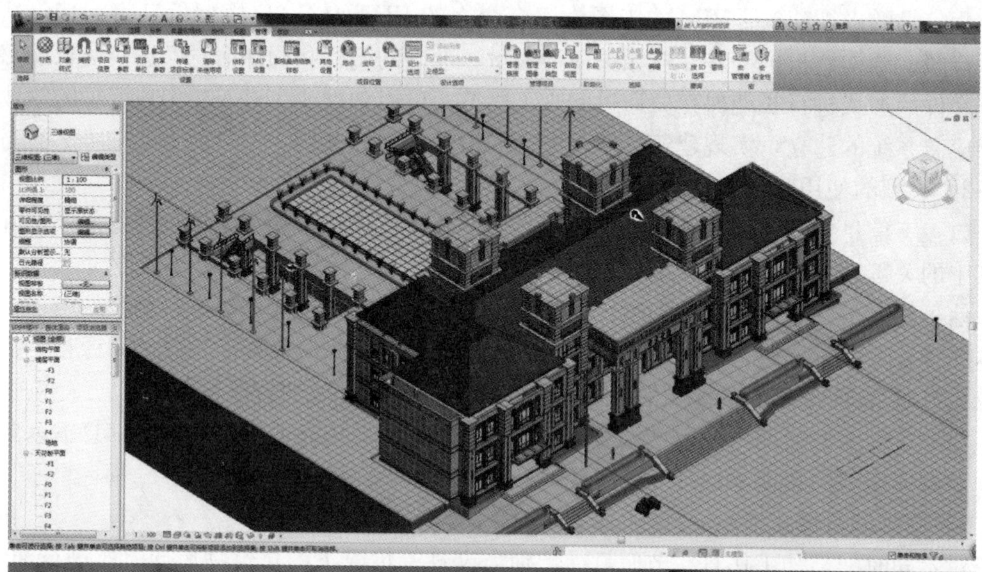

图 3-4　以往工程的竣工模型

四、BIM 项目管理实施

（一）BIM 实施技术路线

BIM 技术在国内的开始应用以来，很多设计企业已经应用了 BIM 技术，并通过 BIM 技术提高工作效率，产生直接收益。但随着 BIM 技术在施工行业的不断深化，企业对于 BIM 技术的认识也不再是流于表面，而是通过应用 BIM 技术得到一定效益。

BIM 在项目管理中的应用，合适的 BIM 软件与系统是基础，配套的专业人员、管理制度、应用流程等是关键。BIM 在企业中的应用也是如此，只有适合企业的才是最好的选择。

通过大量成功项目的实施经验总结，并吸取前期失败项目的教训，可制定 BIM 成功应用路线图。当然，并不是所有企业按照成功路线图来做就一定能成功，因为这里面还涉及到很多客观因素，至少在成功路线图的指引下企业知道该如何来做，可以帮助企业少走弯路，提高实施应用的成功率。以下将对 BIM 成功应用路线图的每个步骤进行详细讲解。

第一步：聘请专业 BIM 团队

随着 BIM 概念的普及、政府主管部门的推动以及 BIM 应用案例的增加，企业对 BIM 了解的程度也在相应提升，但这种认识还存在着片面性以及杂乱性。通过短时间的学习，企业通过书籍、培训、观摩等各种途径获得了大量的 BIM 信息，但如何对这些 BIM 信息进行归纳和梳理，结合自身特点形成一套可行性的方案，大多数企业还是一筹莫展。这时候聘请专业 BIM 顾问团队可以使企业少走很多弯路。利用专业 BIM 团队的研究成果、案例经验，结合企业自身的情况，制定 BIM 应用短期和长期计划。

专业 BIM 团队可以帮助企业进行 BIM 应用规划、BIM 项目试点标杆树立、BIM 基础培训、培养 BIM 人才、建立企业 BIM 应用体系、解决过程中 BIM 疑问、对 BIM 应用过程纠偏等。

第二步：项目试点

BIM 应用最佳的切入点还需通过项目的实际应用，在应用过程中掌握和熟悉 BIM，培养自己的 BIM 团队，建立适合企业的 BIM 管理体系。通过试点项目在企业内形成标杆，通过 BIM 项目的成功应用消除大家的疑惑和抵触，坚定大家应用的决心和信心，同时把试点项目的成功经验推广应用到其他项目中。

对于试点项目的选择需要遵循几个原则：

一是，项目越早使用 BIM 效果越好，BIM 的价值在于事前，对于已经施工的部分，BIM 价值就很难发挥出来。另外，在正式施工前进入有利于做好各项基础准备工作，有利于专业 BIM 团队和项目管理人员进行磨合。在项目施工过程中实施 BIM，现场管理人员的精力和时间有限，对 BIM 的顺利开展会产生影响。

二是，项目体量和难度需达到一定规模，BIM在体量越大和复杂度越高的项目中价值体现越明显，普通的项目管理相对简单和轻松，即使BIM成功应用也很难起到标杆价值。例如住宅项目，难度很小，类似工程大家做很多，已经驾轻就熟。很多施工工艺和复杂节点在住宅项目上也很难体现，例如安装的管线综合。因此，在大型复杂项目上，由于管理人员有限，技术难度大，管理人员在施工管理中会有力不从心的感觉，从而对BIM学习和配合的热情度会更高，同时这类项目BIM应用还可以额外帮助企业获取更大的品牌效益。

第三步：成立BIM中心

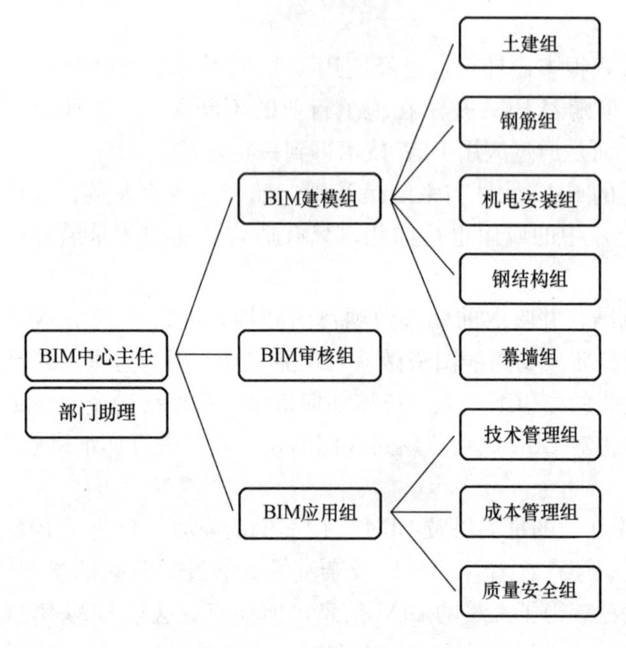

图4-1　企业BIM中心组织架构

在试点项目的过程中就可以根据企业情况建立BIM项目组，由项目部和总部管理人员组成，在项目试点过程中对人员进行培训，实际参与到应用过程中。并且以这部分人员为班底成立企业BIM中心（图4-1）。当然，前期BIM中心人员每个专业至少不少于3人，避免因人员离职浪费企业大量投入。BIM中心的机构设置也可以考虑放在技术中心下面。

企业BIM中心的职能：

（1）创建和管理公司所有项目的BIM模型；

（2）建立基于BIM的企业级基础数据库；

（3）培训和指导各部门和各项目部BIM应用；

（4）对各级部门BIM应用进行考核和检查；

（5）完善和整理企业BIM应用管理制度；

（6）配合企业项目投标中BIM的应用（商务标、技术标）；

（7）研究和尝试BIM结合企业更多应用价值（包括运维阶段应用等）；

（8）其他。

BIM中心的成立价值在于建立企业级基础数据库，形成基于BIM模型的协同和共享平台。解决上下信息不对称的局面，解决企业内部管理系统缺少基础数据的困境，为企业各职能部门的管理提供数据支撑，让企业管理人员可以随时、准确、快速获得项目相关数据。

第四步：建立BIM管理体系

BIM技术只有跟企业管理相结合才能真正应用起来，并且发挥巨大价值。BIM的应用不是简单工具软件的操作，它涉及到企业各部门、各岗位，涉及到公司管理的流程，涉及到人才梯队的培养和考核，它需要配套制度的保障，需要软硬件环境的支持。因此企业引入 BIM，不仅是采购几套软件，通过聘请专业 BIM 团队，开展 BIM 项目试点，以企业 BIM 中心为基础，结合企业自身情况，建立适合企业的 BIM 管理体系。

BIM 体系需要包括的内容：

（1）企业 BIM 应用总体框架（定位、价值、目标等）；

（2）BIM 相关岗位操作手册；

（3）BIM 应用与岗位的培训和考核；

（4）BIM 应用嵌入公司各管理流程（材料采购流程、成本控制流程等）；

（5）各专业 BIM 建模和审核标准；

（6）BIM 模型维护标准；

（7）BIM 应用注意事项；

（8）BIM 应用软硬件要求和操作说明；

（9）……

第五步：建立企业级基础数据库

解决市场与现场的对接、生产与成本的融合、计划体系的建立和实物量的控制，这是每家企业信息化建设的四大任务。要做好这四大任务归结起来，就是数据源头的问题、数据创建标准的问题。企业内部管理系统目前在企业内部实施和应用比较普及，不过仍需深化项目管理的信息化，项目基础数据现阶段靠人工处理，创建、计算、管理、共享困难。这就导致：（1）项目部工作量大、效率低；（2）数据的及时性、对应性、准确性、可追溯性差；（3）精细化管理程度提升不高；（4）协同效率低，错误多。

真正要解决这些问题，让企业内部管理系统的价值进一步提升，企业须建立自己的基础数据库，这些数据库中最主要的就是 BIM 数据库，以及其他跟 BIM 配套的数据库。例如标准构件库、企业定额库、指标库、价格库等。并且这些数据库保存在企业服务器中，可以跟 ERP 等管理系统打通，形成企业真正的信息一体化。这块数据库的建立将为企业今后项目成本控制、历史数据积累、项目管理决策等提供重要支撑。同时，企业级基础数据库的建立也避免了因人员离职或流动造成的信息与资料的断档。

目前施工企业 BIM 应用大部分还处于 BIM 试点或者筹建 BIM 中心阶段，部分实力比较强的企业一开始就直接成立 BIM 中心，同时进行 BIM 试点项目以及企业 BIM 管理的建设，说明这些企业已经感觉到 BIM 的急迫性。相信随着各地方主管部门 BIM 指导意见的陆续出台，以及业主方对项目 BIM 要求越发明确，更多的企业会感觉到来自市场的压力。目前先推行 BIM 的企业，可以把 BIM 作为企业新技术，增加竞争优势，后续有可能 BIM 会成为企业必备要求，不具备这部分能力的企业很可能会被市场淘汰。

（二）BIM 管理流程

1. 深化设计 BIM 复核流程图

主体钢结构深化设计 BIM 复核流程如图 4-2 所示。

幕墙深化设计 BIM 复核流程如图 4-3 所示。

机电深化设计 BIM 流程如图 4-4 所示。

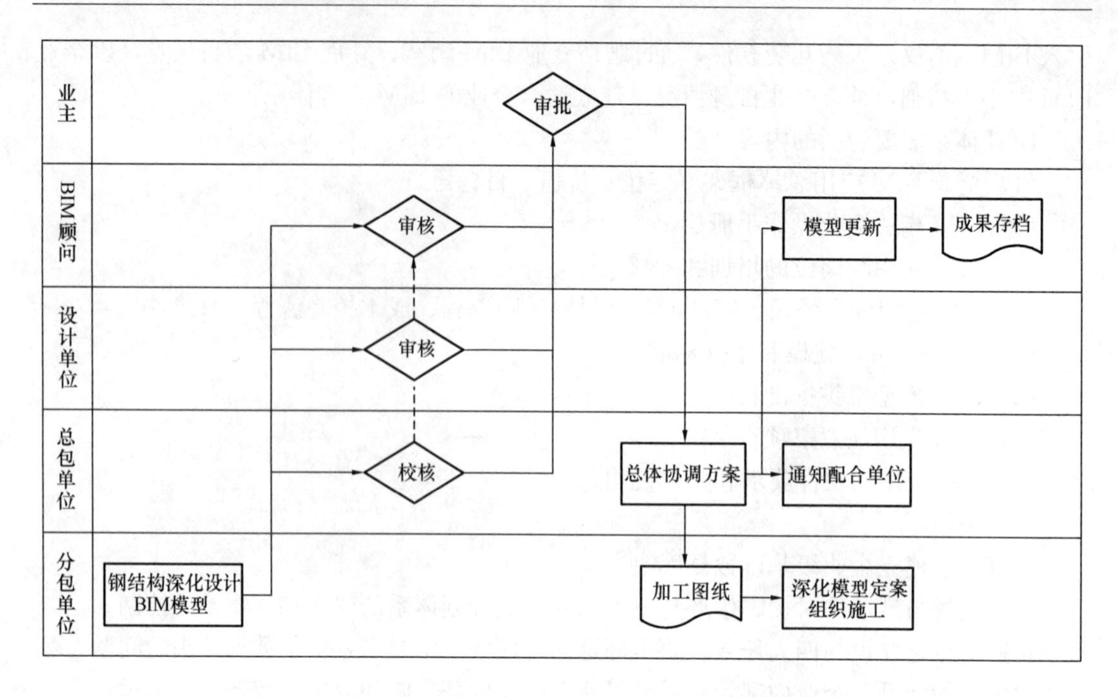

图 4-2　主体钢结构深化设计 BIM 复核流程图

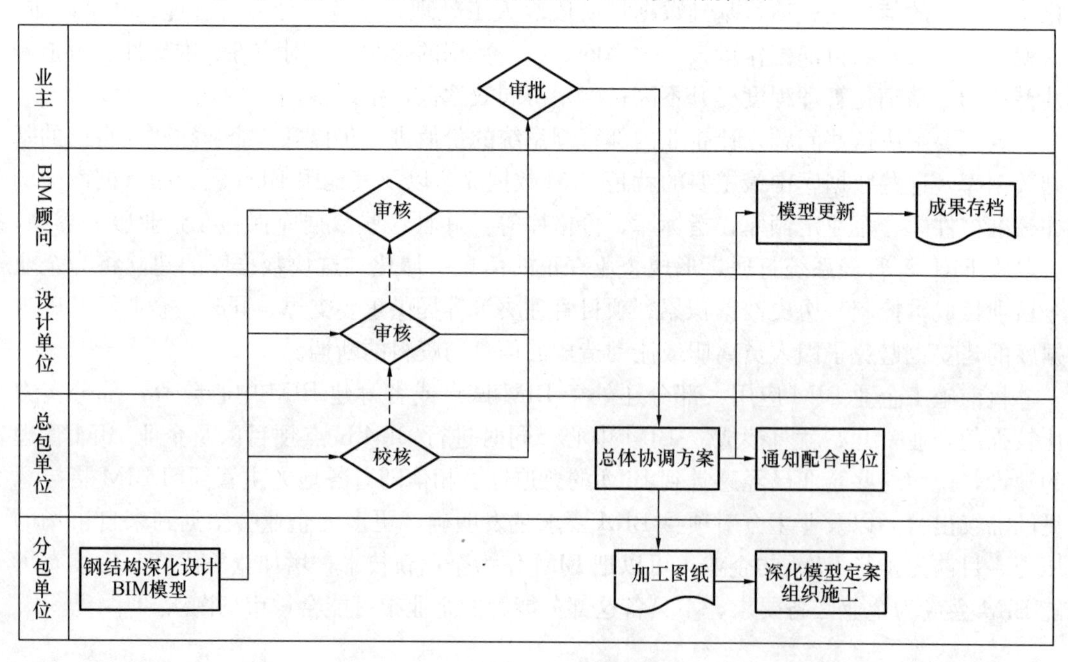

图 4-3　幕墙深化设计 BIM 复核流程图

2. 全程变更 BIM 模型复核流程图

全程变更 BIM 模型复核流程如图 4-5 所示。

3. 施工进度模拟

(1) 各承包商在编制施工组织设计和施工方案时，应根据模型所编制的施工进度计划，通过 3D 方式展示施工进度组织。必要时，应加入直接相关和互相穿插施工的其他专

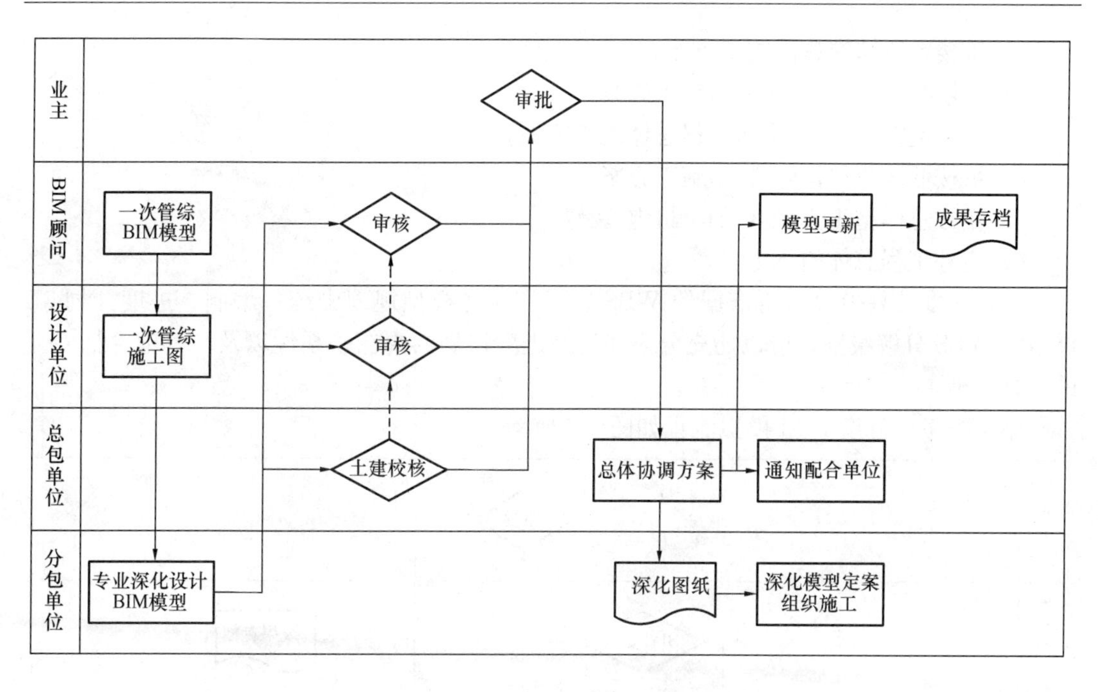

图 4-4 机电深化设计 BIM 复核流程图

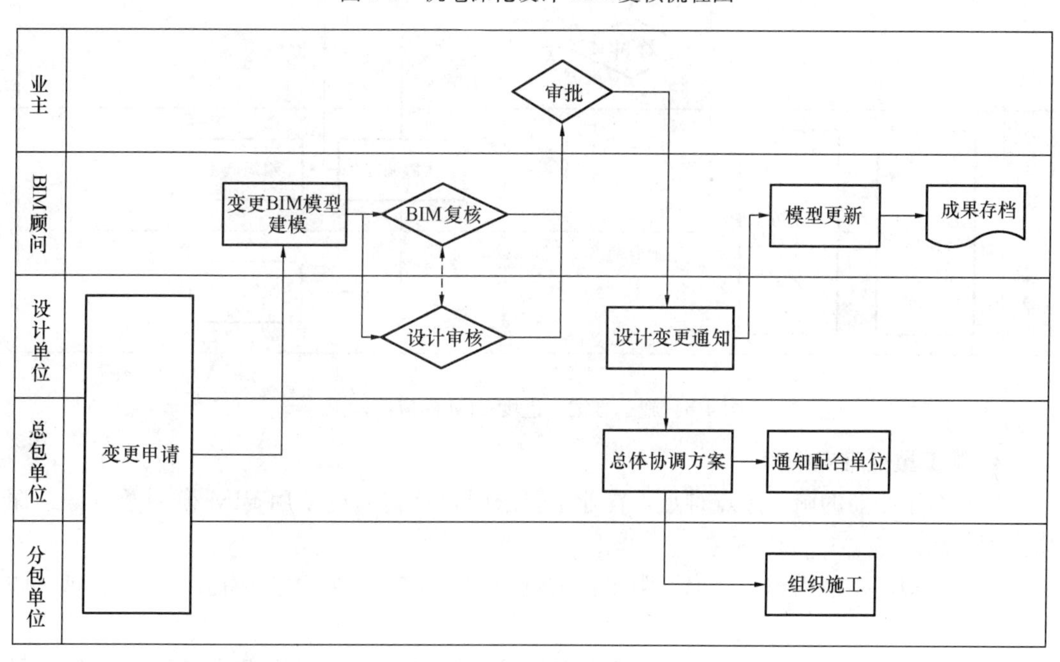

图 4-5 全程变更 BIM 模型复核流程图

业的工序进度。

（2）总承包及相关承包商应使用 BIM 模型对总控施工计划、总体施工方案进行模拟演示，总体施工方案包括但不限于：

1）总控施工计划；

2）地下室结构总体施工方案；

3）塔楼主体结构总体施工方案；

4）塔楼高区总体机电-装修施工方案；

5）地下室机电安装-装修工程总体施工方案；

6）塔楼低区总体机电-装修施工方案；

7）裙楼总体施工方案（结构-机电-装修）；

8）室外工程总体施工方案。

（3）进度计划模拟，所依据的 WBS 编号，应在模型规划中统一编制。进度计划 3D 展示的 WBS 分解级别，应以能充分表述清楚进度计划的内在联系性以及与其他穿插专业的配合为准。

施工方案、进度 BIM 模拟流程如图 4-6 所示。

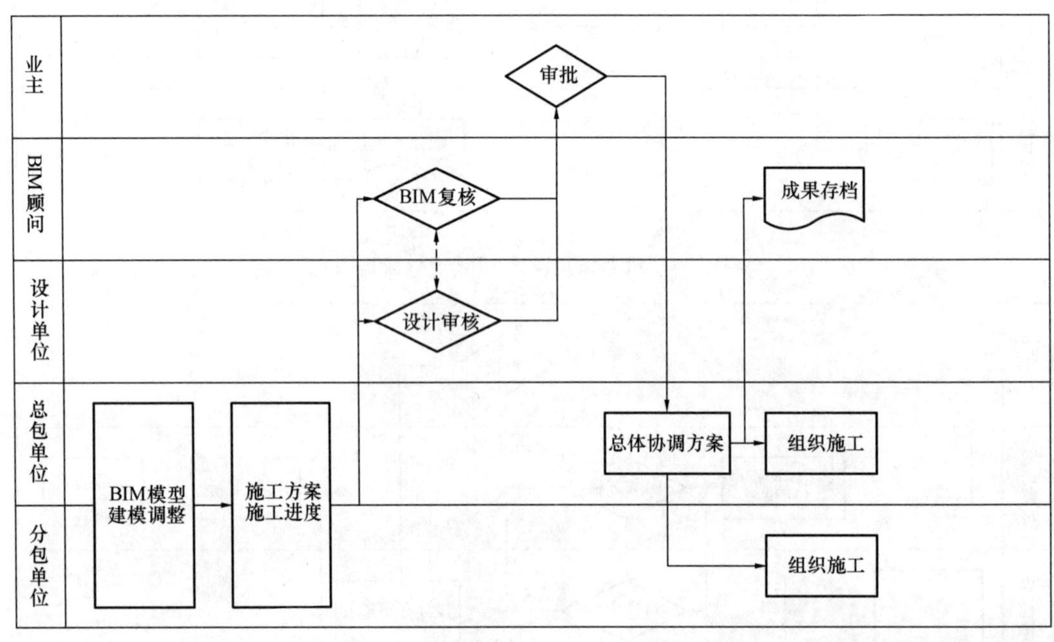

图 4-6 施工方案、进度 BIM 模拟流程图

4. 施工重点难点模拟

（1）对于必要的施工重点难点，在业主要求时，承包商应使用 BIM 模型予以详细深化模拟展示。

（2）模拟展示的内容包括但不限于：节点大样、几何外观、内部构造、工作原理、施工顺序等。

（3）模拟展示应能真实充分地反映施工重点难点，并对实际操作起到良好的指导作用。

（4）总承包及相关承包商应使用 BIM 模型对专项施工方案和专项施工工艺进行演示，专项施工方案包括但不限于：

1）钢结构工程安装方案；

2）幕墙工程施工方案；

3）机电工程施工方案（机房和管线）；

4）室内装修工程施工方案；

5）安全围护施工方案。

（5）总承包及相关承包商应对特殊节点综合施工工艺利用BIM进行施工模拟验收，包括但不限于：

1）钢结构-混凝土结构节点施工工艺；

2）防水节点施工工艺；

3）各类洞口防火封堵施工工艺；

4）重要装修界面收口节点施工工艺；

5）隔声措施节点施工工艺。

施工重点难点BIM模拟流程如图4-7所示。

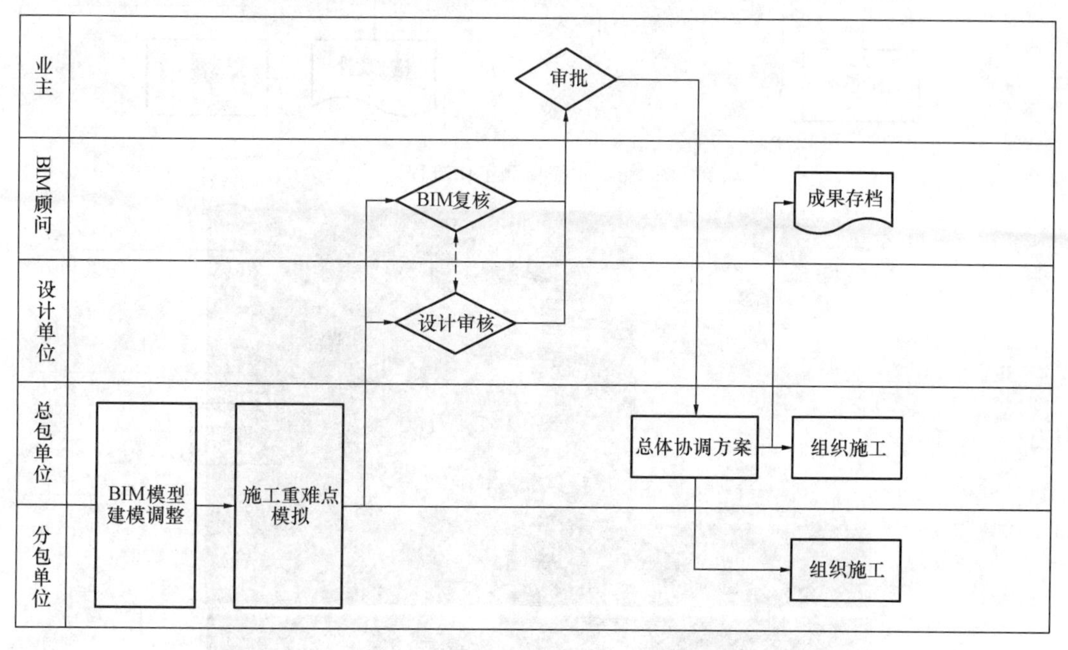

图4-7　施工重点难点BIM模拟流程图

（三）BIM实施的控制与管理

1. 技术管理

（1）碰撞检查及设计协调

在3D模型环境中，通过软件自动侦测和人工观察可以比传统的2D环境更容易发现不同设计专业之间的冲突，由此将大大减少工程建设项目在多方配合、快速建设的前提下可能带入施工阶段的设计风险。同时在建模过程中，还会发现各种图纸表达的错误，并及时反馈提示修改。

在建模过程中，总承包方按需要及时发出“信息请求（RFI）”、“澄清请求（RFC）”和“关注点（AOC）”等查询文件，向顾问方或相关专业分包制定协调记录文件，详细记录协调内容及跟进记录；对BIM模型中各专业的构件进行碰撞检查；定时组织设计协调会议处理碰撞及设计协调问题。会议相隔不长于 2 周直至所有碰撞问题予以解决；碰撞报告于协调会议前 3 天发出给相关单位做会议准备，并做好会议纪要。BIM 团队成员负责在专业软件配合下进行各专业之间的碰撞检查，并编制碰撞检测报告，提交例会进行讨论解决。如图 4-8 所示。碰撞检查示例如图 4-9 所示。

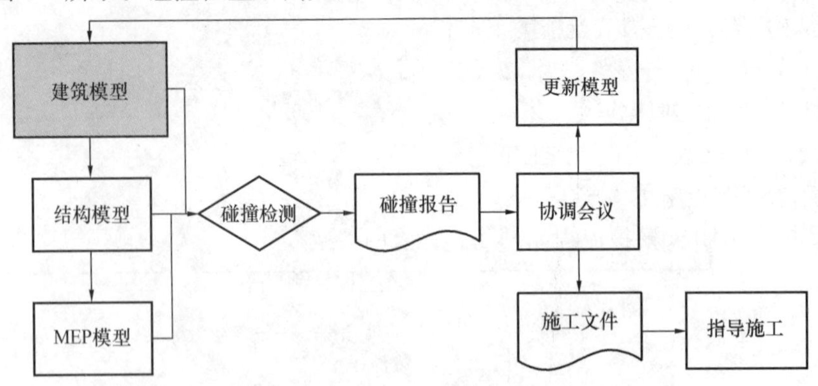

图 4-8　碰撞检测工作流程

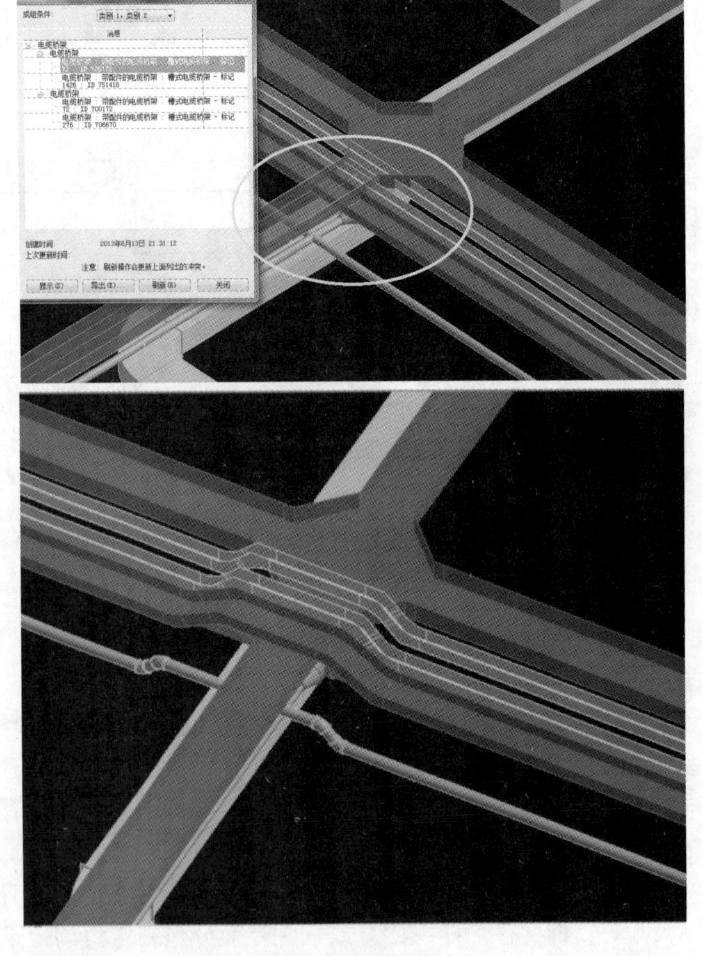

图 4-9　碰撞检查示例

（2）变更管理

利用 BIM 模型管理变更，做适当的模型设置演示变更对周期和造价的影响；变更指令做出的改动，提供模型对比展示原有及更新版本的区别及工料算量。

对于变更的修改，按施工顺序对变更进行落实，并按阶段或施工区域或专业进行集中落实，并做好变更修改记录单，以便 BIM 模型整体管理。

对于变更的下发，由总包集中收集，按周期下发到 BIM 团队，修改模型。BIM 团队在收到变更时，根据实际变更量，即时落实到 BIM 模型上，以便模型实时反映现场。

当设计图纸有问题或者需要对局部进行调整时，采用 BIM 进行 3D 变更设计，并导出 2D 施工图，形成变更洽谈单，提交设计院审核。

施工过程中，对施工图的设计变更、洽商在拟定阶段，由 BIM 团队根据拟变更图纸进行建模预检，提交拟工程变更预检报告，经业主方、设计单位、监理单位进行拟工程变更会审，会审通过后再下发正式变更文件和图纸。设计变更工作流程如图 4-10 所示。

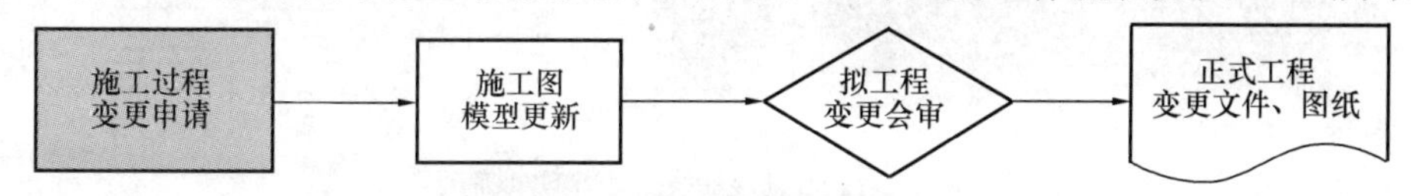

图 4-10　设计变更工作流程

在施工阶段，BIM 团队负责依据已签认的设计变更、洽商类文件和图纸，对施工图模型进行同步更新；同时，BIM 团队负责根据工程的实际进展，完善模型中在施工过程中尚未精确完善的信息，以保证模型的最新状态与最新的设计文件和施工的实际情况一致。变更协同工作流程如图 4-11 所示。

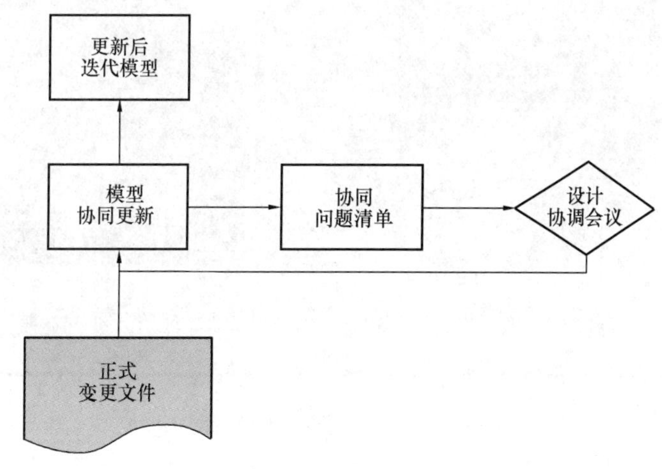

图 4-11　变更协同工作流程

（3）施工进度跟踪

做适当的模型设置使施工进度可以实时检查，检查系统将作为付款申请的依据。

模型进度必须超前于施工进度，以便施工过程中利用 BIM 模型进行演示与分析，充分发挥 BIM 价值。

1）4D 施工模拟

Navisworks 模型整合平台与 Project 等进度计划软件关联，实现动态可调整的 4D 模拟施工，能形象地演示施工进度和各专业之间的协调关系（图4-12）。可以有效控制施工安排，减少返工、拆除及浪费现象，起到了节材的作用，控制成本，为创造绿色环保低碳施工等方面提供了有力的支持。

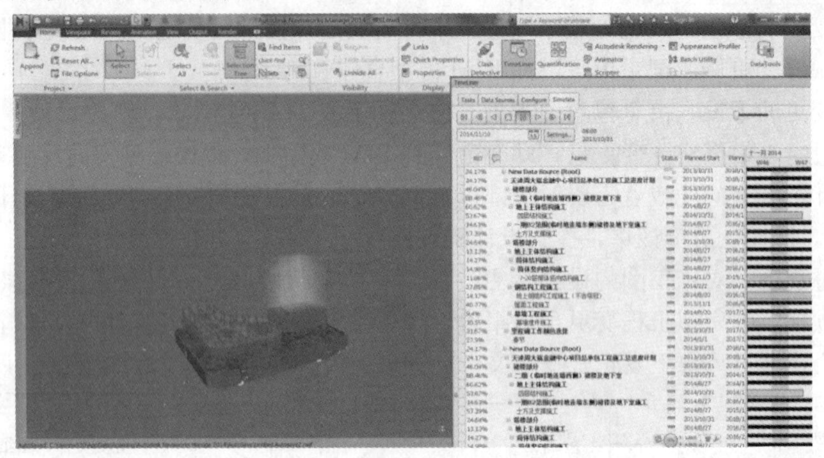

图4-12　按照进度计划BIM模拟施工

2）BIM模型与现场施工同步模拟

利用BIM模型提高项目协调会议效率，通过模型和现场施工进行同步模拟（图4-13），直观反映现场情况，便于决策。

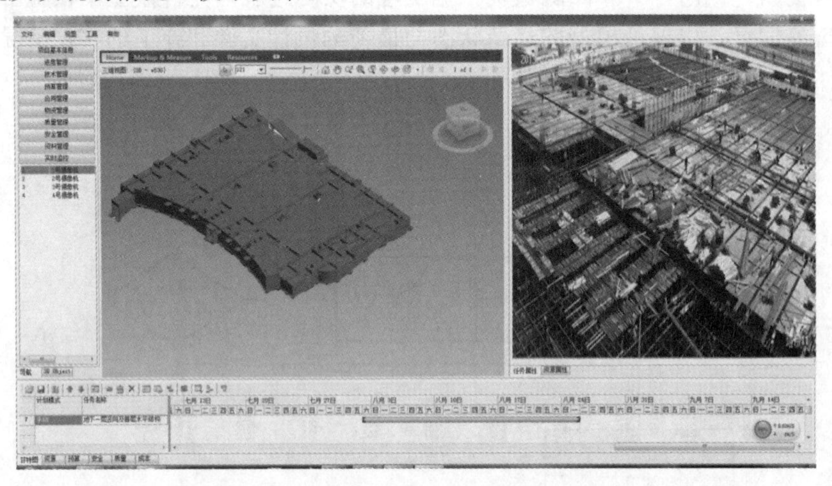

图4-13　BIM模型和现场施工进行同步模拟

（4）复杂空间管线综合

对复杂空间（包括地下室、机房、走廊等），由BIM团队根据专业深化图纸及各专业叠加后的施工图模型，进行机电管线综合，以此来复核各区域净空是否满足要求。管线综合工作流程如图4-14所示，机电管线综合如图4-15所示。

（5）施工工艺模拟

对于施工的重难点区域施工工艺进行模拟（图4-16），一方面核查施工方案的合理性，另一方面也便于施工交底工作；在具体的施工顺序和注意问题上给予明显演示，减少了施工过程中不必要的问题，提高了工作效率。

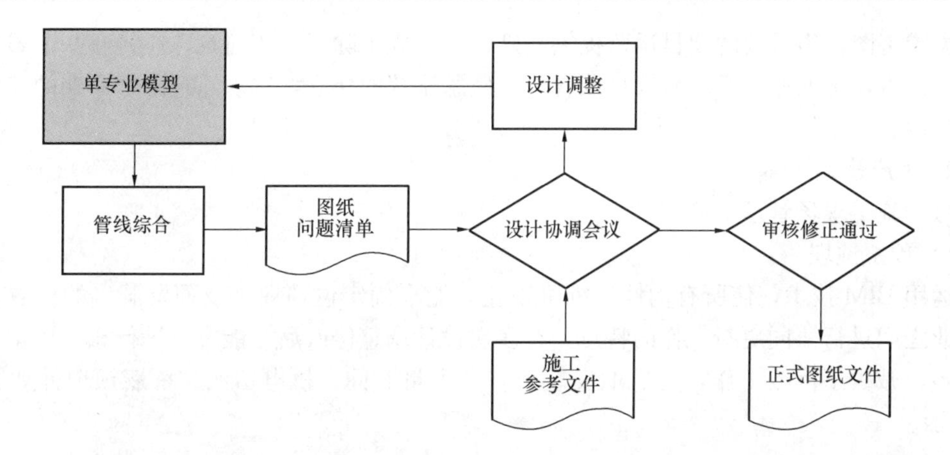

图 4-14　管线综合工作流程

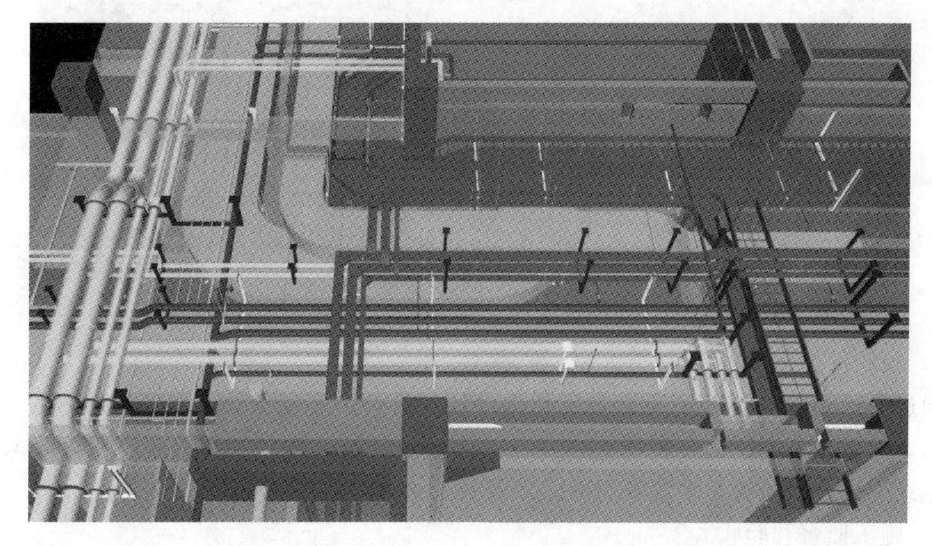

图 4-15　机电管线综合

对复杂构件的安装，借助 BIM 模型，可通过动画模拟进行技术交底，实现安全、快捷、高质量施工。

图 4-16　施工工艺模拟

(6) 竣工模型

通过 BIM 系统的应用，在施工过程中实时同步虚拟建筑与真实建筑，项目竣工后，生成相关竣工图，为后续的项目运营提供基础；交付成果除了实体建筑，还将有一个虚拟的数字化楼宇，帮助业主实现后续物业管理和应急系统的建立，实现建筑全生命期的信息交换和使用。

2. 生产管理

(1) 施工现场管理

1) 预留预埋

运用BIM技术，使所有构件三维可视化，能准确定位预埋件及预留洞口的位置，而多专业之间进行协同更新工作的特点，在多次设计调整修改后，能及时进行相关预留预埋的调整，减少了拆改工作，为后期安装节省了大量时间。机电留洞、幕墙预埋件如图4-17所示。

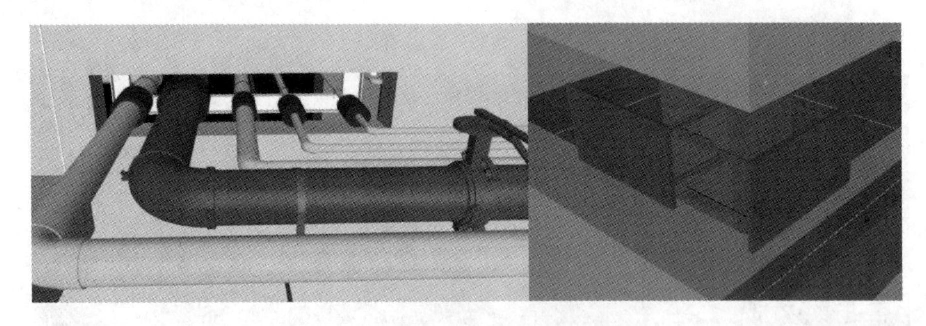

图4-17　机电留洞、幕墙预埋件

2) 预制件加工管理

通过构件的BIM模型，结合数字化构件加工设备，实现预制、加工构件的数字化精确加工，保证相应部位的工程质量，并且大大减少传统的构件加工过程对工期带来的影响。钢结构构件、风管及水管等均可以采用BIM模型进行模拟。

3) 施工监督和验收

运用云系统平台，将BIM数据移到现场指导施工，同时对隐蔽工程进行监督。相反，将现场数据上传到平台，建立远程质量验收系统，远程即可完成相关验收工作，方便了超高层建筑施工。施工监督与验收工作流程如图4-18所示。

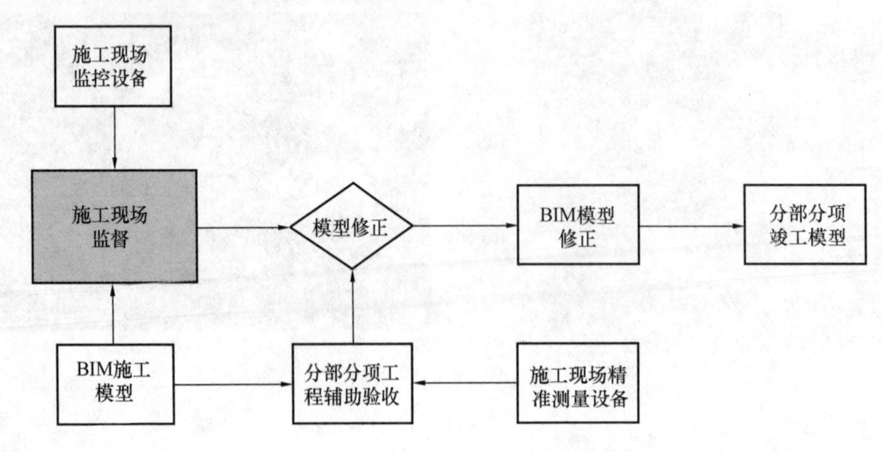

图4-18　施工监督与验收工作流程

4）现场平面管理

分阶段建立（基础施工阶段、主体施工阶段、外立面及装修施工阶段），内容包括办公及生活区临建、临水、临电、库房、材料堆放区、材料临时加工场地、施工机械布置、运输道路、绿化区、停车位。通过模拟，可以更加直观准确地掌握现场施工平面布置情况。同时可以提高施工场地的利用率，达到节地的目的。

5）机械设备管理

结合Navisworks4D模拟施工，能够合理地安排各阶段需要投入的机械设备、设备安装位置；并能为机械设备管理提供直观的沟通平台。

（2）材料管理

1）材料需求计划管理

结合4D模拟施工，可提出各阶段的材料用量需求计划，为材料管理员提供参考。

2）材料进场计划管理

结合4D模拟施工，能准确地安排材料进场时间，缩短材料进场周期，缓解施工现场材料堆放场地紧张的压力，同时也能缓解材料资金需求压力。

（3）构件加工、制作管理

1）利用BIM模型的自动构件统计功能，可以快速准确地统计出各类构件的数量。

2）通过构件的BIM模型，结合数字化构件加工设备，实现预制、加工构件的数字化精确加工，保证相应部位的工程质量，并且大大减少传统的构件加工过程对工期带来的影响。钢结构构件、风管及水管等均可以采用BIM模型进行模拟。

（4）施工进度管理

施工进度管理具体流程如图4-19所示。

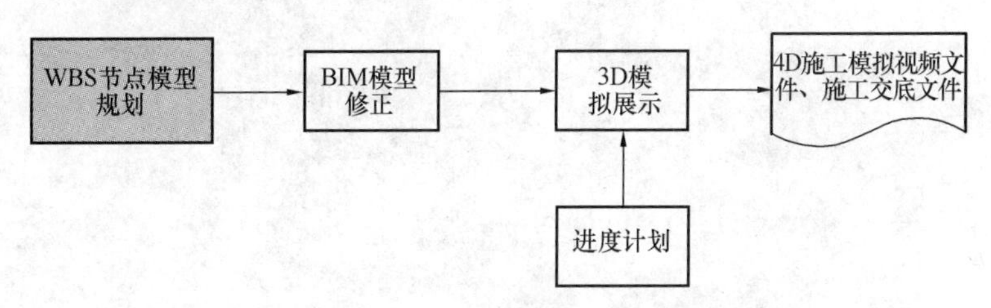

图4-19　施工进度管理工作流程

（5）施工组织模拟

根据工程进度，按施工现场相应阶段建立BIM模型；通过模拟，可以更加直观准确掌握现场施工平面布置情况，从面有效地提高对施工面场平面动态管理水理，实现现场资源的合理利用。施工组织模拟如图4-20所示。

3. 安全管理

（1）预警机制

基于BIM的工作方式并通过3D模型的碰撞检测，提前发现问题并予以解决，将施工中可能出现的碰撞问题扼杀在施工准备阶段，减少了潜在的经济损失。

（2）安全维护临边防护

运用BIM技术可提前进行危险源识别，危险源警示如图4-21所示，通过三维可视化清楚识别电梯井、楼梯井和临边等多个坠落风险点，及时提醒相关人员进行防护栏的安

图 4-20　施工组织模拟

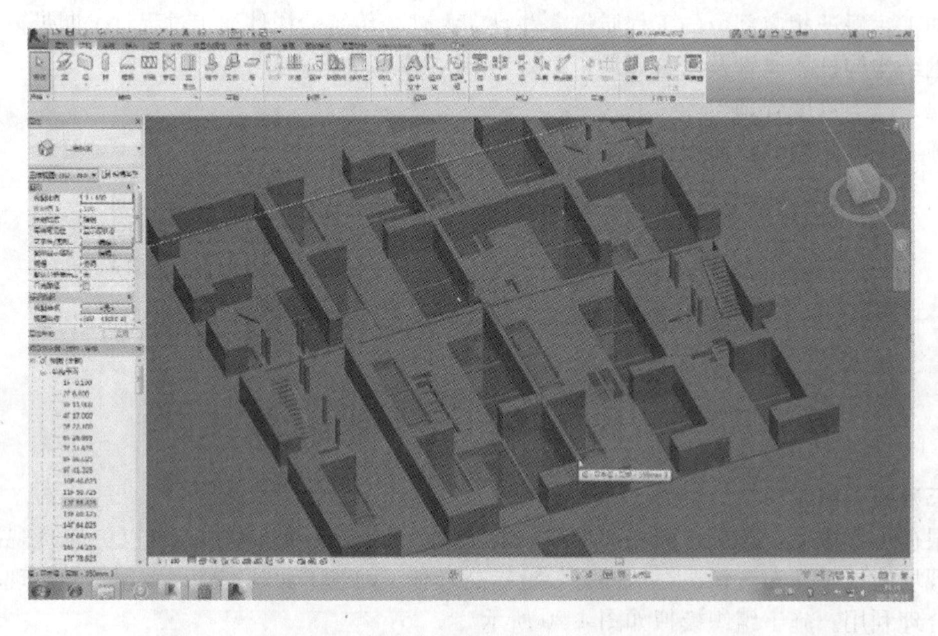

图 4-21　危险源警示

装，并进行直观的安全交底工作。BIM 模型中的安全防护措施如图 4-22 所示。

4. BIM 保证措施

(1) 实施管理原则

1) 针对性原则

BIM 实施须极具针对性，完全针对本项目的相应 BIM 实施内容。

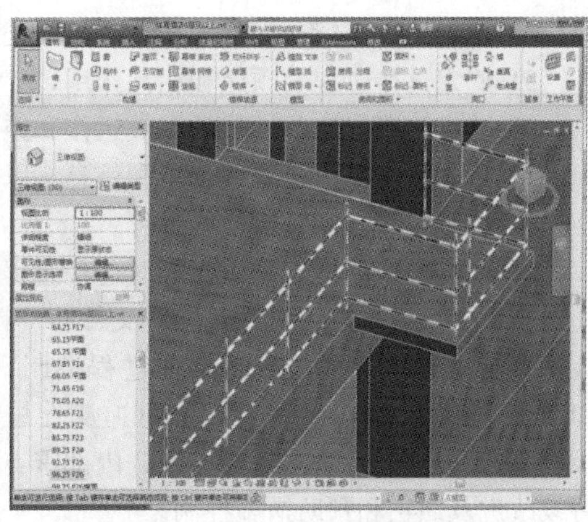

图4-22　BIM模型中的安全防护措施

2）整体性原则

BIM实施须与本项目的整体实施计划相结合，BIM实施应成为整个项目实施的有机组成部分，每一项BIM实施内容，与其前置、后置任务都应有着必然的关联。

3）非关键线路原则

在项目整体实施过程中，尽可能使BIM实施内容不处在关键线路上，从而使BIM的实施不会延长总进度计划，建议按专业、按区段进行流水作业。

4）动态管理原则

在整个项目的BIM实施过程中，应以半个月为周期进行即时更新，以保证BIM实施的有效性、及时性和透明性，并且始终处于招标人的控制之下。

(2) 与项目各参与方的沟通协调措施

本项目各参与方的协同工作层面上，将充分利用“项目数据协同工作工具”来进行多方协调工作，将各种项目所需的数据、文档、图纸、资料等存储在“项目数据协同工作工具”的服务器上，当项目参与方需要调取各类数据资料时，可以通过“项目数据协同工作工具”调取最新版本的数据资料，以保证所有项目参与方都是使用的同一套数据。

此外，通过“项目数据协同工作工具”也能有效解决数据资料安全性的问题，保证只有被授权的项目参与方才能获得与其相关的数据资料。

(3) 实施质量管控体系

本项目的实施质量控制遵循GB/T 19001：2008—ISO 9001：2008标准，根据质量管理体系的要求，建立、实施并保持质量管理体系。确保有能力稳定地提供满足顾客和适用法律法规要求的产品；通过质量管理体系的有效运行，包括持续改进体系的过程以及保证符合顾客与适用法律法规的要求，不断提高顾客满意度。

按照GB/T 19001：2008—ISO 9001：2008标准规定，对质量管理体系进行策划并按要求建立质量管理体系，形成文件，加以实施和保持，并持续改进。

公司质量管理体系文件包括：质量管理手册（含质量方针、目标）、程序文件、工作文件、质量记录。

建筑信息模型（BIM）服务应用质量管理体系时，主要考虑以下因素：

1）识别BIM服务质量管理体系所需的过程及其应用；

2）确定这些过程的顺序和相互作用；

3）确定为确保这些过程的有效运作和控制所需的准则和方法；

4）确保可以获得必要的资源和信息，以支持这些过程的运作和监视；

5）测量、监视和分析这些过程；

6）实施必要的措施，以实现对这些过程所策划的结果，以及对这些过程的持续改进。

质量管理体系过程文件包括：文件和资料控制；质量记录控制、管理职责规定及管理评审控制；资源管理；产品实现过程控制（包括BIM顾客要求的识别和评审与沟通；BIM服务过程控制；产品标识和可追溯性控制；顾客财产管理、服务交付和交付后服务控制等）；顾客满意度测量与控制；内部审查、服务监视和测量；不合格控制；数据分析；持续改进及纠正和预防措施控制。

（4）质量保证体系

BIM的应用涉及不同单位，为了保证BIM工作的顺利开展，专业BIM团队在项目实施过程中，将会紧密与相关单位进行合作。为了保证质量体系有效执行，制定如下措施：

1）组织体系保证。建立健全各级组织，分工负责，做到以预防为主，预防与检查相结合，形成一个有明确任务、职责、权限、互相协调和互相促进的有机整体。成立质量控制小组，设置组长、总协调员、质量专员等角色，并将各参建单位的关键人员纳入质量保证体系，对外发布质量保证小组名单；

2）设置质量控制目标。从模型、应用、输出报告等方面制定质量目标，并为各项目标设置合理评估标准；

3）制定质量控制计划。将质量审查计划与工作计划紧密结合，保证质量控制的时效性；

4）做好质量培训。制定质量培训计划，对项目参建单位进行BIM质量保证和质量控制方面的集中培训；

5）思想保证体系。用全面质量管理的思想、观点和方法，使全体人员真正树立起强烈的质量意识。

（5）内部质量管控措施

针对业主项目的管理特点，制定了严格的质量保证措施：

1）资源配备充足

为应对本项目设计的特点，不但为各个专业配备了具有丰富BIM实施经验的工程师，还配备了具有项目经验的设计师作为后盾，为BIM设计优化提供经验支持，保证审核质量和审核成果的有效性和设计优化建议的针对性、科学性。

2）科学的工作流程

为了保证工作的有序，设计了严格的工作流程，保证各个环节顺利衔接，各级实施人员职责分明，可有力保障审核程序落地。

3）多级审核制度

为了保证审查质量，制定了专业工程师、专业负责人、项目负责人多级审核制度，并由资深设计师提供专家支持，多层次保障审核工作的执行效果。

4）规范的工作模板

为了使各方提交的成果规范统一，为各方制定统一的工作模板，如模型审核记录表、模型问题协调会模板、碰撞检查报告模板、管线综合模板等，保证过程资料记录全面，保证提交业主的成果规范。

5）纠偏改善措施

通过项目执行过程中的阶段总结，按照戴明质量环（PDCA）循环规律，不断提高服务质量，及时纠正和改进过程中出现的问题。

五、施工 BIM 应用分析

（一）施工方 BIM 应用现状及趋势

BIM 可以简单地形容为“模型+信息”，模型是信息的载体，信息是模型的核心。同时，BIM 又是贯穿规划、设计、施工和运营的建筑全生命期，可以供全生命期的所有参与单位基于统一的模型实现协同工作。目前，BIM 的应用尚属初级阶段，施工阶段 BIM 应用点基本可以形成体系，设计阶段还主要体现在某些点的应用，还未能形成面，与项目管理、企业管理还有一段距离，运维阶段的 BIM 还处于探索阶段。但 BIM 的价值已经被行业所认可，BIM 的发展与推广将势不可挡。

从行业发展进程来看，政府会有 BIM 强制性要求；业主要求使用 BIM，并且在合同条款中列明相关条款；行业中会出现与 BIM 相关的新技能与新角色；深度使用 BIM 的用户比例会不断增加；BIM 在项目中施工阶段的成功应用会使总承包商在全公司范围内推广 BIM；集成式建设的实践带来的价值将受到广泛的论证与深度地实践；对标准的建设依然热情高涨；客户对绿色建筑的要求持续增长；BIM 与施工现场的管理集成会进一步加深。

未来，BIM 软件会越来越多，专业化分工优势也会越来越明显。平台的集成能力会进一步加强，因此标准的发展也会十分迅速。同时在 BIM 技术方面，BIM 会与其他信息技术进行深度集成，如 RFID 技术、二维码技术、3D 打印技术、GIS 技术、视频监控技术、裸眼 3D 技术、PC 技术等等，BIM 技术将向更宏观、更微观、更深度地为未来项目管理、城市管理提供更多的应用与价值。

随着 BIM 模型中数据的分析与处理应用越来越深入，与管理职能结合度越来越高，最后将与项目管理（设计项目管理/施工项目管理/运维管理）、项目群管理、企业管理相结合。BIM 是数据的载体，通过提取数据价值，可以提高决策水平、改善业务管理，从而成为企业成功的关键要素。同时 BIM 模型中的数据是海量的，大量 BIM 模型的积累构成了建筑业的大数据时代，通过数据的积累、挖掘、研究与分析，总结归纳数据规律，形成企业知识库，在此基础上形成智能化的应用，可以有效用于预测、分析、控制与管理等。

BIM 技术在施工企业的应用已经得到了一定程度的普及，在工程量计算、协同管理、深化设计、虚拟建造、资源计划、工程档案与信息集成等方面发展成熟了一大批的应用点。同时，施工阶段 BIM 的应用内容，还远远没有得到挖掘，在如下几方面 BIM 技术的应用还很值得期待。

（1）设计、施工、运维间数据的打通

市场上目前在设计、施工、运维等各阶段的平台软件及专业软件数量非常多。虽然不少大的软件厂商的产品自成体系，系统性很强，但是由于建筑业务本身的复杂性及中国建筑业在标准化、工业化及管理水平方面落后的原因，导致 BIM 软件之间数据信息交互还不够畅通，无形中给应用 BIM 的企业增加了重复劳动，提高了使用成本。

虽然目前有国内的软件企业试图与国外 BIM 软件进行对接，但是软件数据对接的背后，是技术标准与规范、管理方式与制度之间的对接，从这个角度来说，国产 BIM 软件与国外 BIM 软件之间的数据对接，可能局部可以取得一定程度的成功，但是总体上效果不可能很理想，因为国产 BIM 软件是根植于中国的工程技术规范与管制制度的。

要推动设计、施工、运维阶段数据的打通，更多地需要寄希望于国产 BIM 软件厂商之间的合作以及市场竞争的自然选择。随着应用的广泛，市场会自然根据主流 BIM 软件厂商应用的数据标准来形成社会的事实标准。通过国家层面以事实标准为基础，通盘考虑，在此基础上深化与完善，最后形成国家标准，类似于国外 IFC 标准。这其中最关键的还是国家制定标准的时机以及充分尊重市场的选择，避免制定的标准成为鸡肋或者利益的产物。

（2）支持预制加工（模板、钢筋下料、管道预制加工、PC 等）

预制加工，是一种制造模式，是工业化的技术手段。预制加工技术的推广，有助于提高建造业标准化、工业化及精细化管理的水平，为 BIM 软件的开发与 BIM 技术的应用奠定业务层面的基础。

同时，BIM 技术也为预制加工技术的发展提供了更佳的信息化技术手段。基于“面向对象”软件技术的 BIM 技术，可以更好地支持设计与加工之间的对接。

通过 BIM 模型，可以获得预制加工所需要的精确尺寸、规格、数量等方面的信息，模板、钢筋、管道、PC 混凝土构件等的预制加工，在 BIM 技术的支撑下将会越来越普遍。

（3）与二维码、RFID 等电子标签结合

二维码与 RFID，都属于电子标签技术，被用来放置以电子媒介的方式储存的物体的信息，为各类信息化应用实施采集物体的电子信息提供便利。

对于 BIM 来说，在设计阶段建立好设计模型，并制定好施工计划后，在制造过程需要对模型的基本组成单元——建筑构件、机电设备及各类加工材料进行管理，这些建筑构件、机电设备及材料的采购、仓储、运输、加工、组装、进场、现场管理、安装，包括后期的维护，需要在作业现场实时采集各类信息来支持业务活动，二维码与 RFID 等电子标签技术能够满足这个需求。

随着建筑工业化的深入与 BIM 技术应用的深入，在建筑构件、机电设备及工程材料的采购、仓储、运输、加工、组装、进场、现场管理、安装及维护的业务与管理过程中，二维码技术与 RFID 等电子标签技术的应用将得到普及。

目前国内外已经有不少施工企业进行了这方面应用的尝试。甚至有企业专门为自己定制开发信息管理系统来支持基于电子标签技术的物资管理。但是市场上还没有专注于这个领域进行 BIM 软件产品开发的企业。软件产品是来自于实际需求的。随着更多的企业在这方面应用的增加，可以预见，会有专业的软件开发商来做这方面的产品开发。

（4）与物联网结合

物联网，是互联网技术（虚拟）与人们各种活动（现实）的融合，是虚拟与现实的融合。对于 BIM 来说，与物联网的结合，可以为建筑物内部各类智能机电设备提供空间定

位，建筑物内部各类智能机电设备在BIM模型中的空间定位，有助于为各类检修、维护活动提供更直观的分析手段。

（5）与3D打印结合

3D打印技术在建筑制造中的应用，还有很长的路要走，但是3D打印技术可以把虚拟的BIM模型打印成按比例缩小后的实体模型，为各类展示、宣传活动提供帮助。

（6）与GIS结合

GIS技术在建筑领域的策划与规划业务活动中的应用，已经很成熟了。比如商业设施的策划、城市景观的模拟、建筑物周边人流的模拟、交通便利性的模拟分析等等，都会用到GIS技术。但是反过来，BIM在GIS中的应用，则还不多见。这与BIM成熟应用案例不多、无法为GIS管理系统提供足够数量建筑设施的BIM模型数据有关系。随着智慧城市的发展，作为智慧城市支撑技术之一的GIS技术，越来越需要拥抱BIM来获得海量的城市建筑设施模型数据。

（7）与施工现场管理有较紧密的结合

施工现场管理方面值得期待的BIM应用项目：

1）三维扫描技术的应用

通过三维扫描技术获取现场的点云建筑模型，与BIM模型作对比，来进行施工质量方面的监控。

2）物资的进出场与堆放管理

为了提高施工场地空间的利用效率，需要结合施工进度计划对物资的进出场和堆放进行管理。

3）施工现场的质量管理与安全管理

为了提高项目部、监理及业主方对施工现场的质量管理与安全管理的能力，需要建立管理制度，定期将现场的情况（比如现场采集的图片）与BIM模型进行链接，项目部、监理和业主方通过BIM模型浏览器可以快速直观地观察了解到施工现场的情况，提高质量管理与安全管理工作的效率与质量。

（8）与数控机床等加工设备的结合

BIM模型可以为数控机床等加工设备提供各类构件的精确尺寸信息，实现自动化加工。尤其是幕墙与钢结构方面，涉及到的金属异形构件较多，需要从BIM模型获取到精确的构件尺寸信息。

全球建筑业界已普遍认同BIM是未来趋势，还将有非常大的发展空间，对整个建筑行业的影响是全面性的、革命性的。现在整个经济社会逐步进入大数据时代，BIM技术能够彻底解决建筑行业工程基础数据采集整理能力低下的现状，为PM/ERP等各类项目企业信息化管理系统提供工程项目的基础数据，BIM与企业信息化管理系统的完美结合，将给企业带来更大的价值。BIM技术的发展对行业最终的影响还难以估量，但一定会彻底改变企业的生产、管理、经营活动的方式。

（二）不同业主对BIM业务的需求

最近几年，业主对BIM的认知度也在不断提升，SOHO董事长潘石屹已将BIM作为

SOHO 未来三大核心竞争力之一；万达、龙湖等大型房产商也在积极探索应用 BIM；上海中心、上海迪士尼等大型项目要求在全生命期中使用 BIM，BIM 已经是企业参与项目的门槛；其他项目中也逐渐将 BIM 写入招标合同，或者将 BIM 作为技术标的重要亮点。目前来说，大中型设计企业基本上拥有了专门的 BIM 团队，有一定的 BIM 实施经验；施工企业起步略晚于设计企业，不过不少大型施工企业也开始了对 BIM 的实施与探索，并有一些成功案例；运维阶段的 BIM 目前还处于探索研究阶段。

近期政府主管部门陆续出台了一系列 BIM 政策，业主方也将 BIM 技术使用写入招标要求，即使没要求，BIM 技术也是加分点。

BIM 技术的一大优势就是在施工前将建筑在电脑里模拟建造一遍，在施工前提前发现问题、解决问题。BIM 技术应用越早，价值越高。如果项目已经施工，很多 BIM 应用将错过最佳时机，如以下几点：

（1）投标方案：商务标，利用 BIM 技术快速准确算量，便于对外不平衡报价，对内成本测算，提前了解利润空间，便于决策；技术标，展示 BIM 在施工阶段的价值，如碰撞检查、虚拟施工、进度管理等，提高技术标分数，提升项目中标概率。

（2）前期场地布置：进场前模拟现场的场地布置模型，如：办公场地，材料堆放场地，加工场地，临时用水用电，宿舍，食堂，入场道路，垂直运输设备等。前期模拟好场地布置可以节约施工用地，减少临时设施的投入从而降低成本，同时通过对材料运输路线的方案模拟减少场内运输，减少材料的二次搬运。

（3）施工专项方案模拟：在施工前通过 BIM 技术模拟施工专项方案，帮助施工人员判断方案的合理性，或者模拟多项方案，帮助制定最佳方案；帮助现场施工人员更好地理解方案。

（4）高大支模查找：快速查找和定位出需要高大支模的位置，与人工筛选相比，不仅效率提升数倍，软件自动计算还能避免出现遗漏。

（5）支撑维护与主体碰撞检查：施工前，地下支撑维护模型和地上主体结构模型进行碰撞检查，校验支撑维护方案的合理性，同时检验支撑结构与主体结构间存在的碰撞点，避免支撑支护影响主体结构施工。

（6）图纸会审：可以提前发现图纸缺陷，提前发现问题、解决问题。

（7）地下部分复杂节点交底：利用 BIM 提前对地下部分节点，尤其是基础部分的复杂节点进行交底，让现场的技术员深刻理解图纸，更避免对图纸错误理解而造成的错误施工。

（8）材料上限控制：施工前通过对工程量精确核算，可以对现场的进料以及备料做好精确材料计划，控制好材料的上限。

（9）预留洞：施工前通过碰撞检查系统查找出设计图纸中遗漏的预留洞口，避免施工后再凿洞返工，不但费时费工影响施工进度，还存在结构安全隐患。

（10）资金计划：项目前期利用 BIM 进行项目的成本分析与资金计划，对后续的成本管理与现金流管理有巨大作用。

（三）施工方实施 BIM 常见问题及应对

当前施工阶段 BIM 应用面临的障碍主要包括：缺乏专业的 BIM 人才及能指导 BIM

实施的专家、数据标准不统一、业主方无明确要求或无经费支持、投入产出比不高、BIM 应用需 要改变现有流程与制度、软件不成熟等多个方面。

1. 施工方实施 BIM 的障碍

(1) 缺乏专业的 BIM 技术人才与专家

缺乏专业的 BIM 技术人才，是施工企业应用推广 BIM 的首要障碍，其中十分严重与比较严重的比例合计占 68%。

BIM 是新生事物。BIM 所需要的人才是复合型的，既要懂施工技术，又要懂软件操作，还需要具备一定的学习能力。当下，建筑业信息化快速发展，技术更新快，复合型人才的生命期短暂，又需要持续不断培养更新知识，加之年老的员工对新事物接受能力差，年轻员工具备复合能力素质的又少。对于施工企业来说，具备发展潜力的员工，往往将施工企业作为个人职业规划的跳板，所以人员流动率偏高，故企业也不乐意提供适宜的发展环境或持续投入来培养专门的 BIM 人才。

一方面难培养，另一方面企业又不乐意投入高成本培养，所以施工企业缺乏专业的 BIM 人才在所难免。

对策：专业 BIM 人才的培养，才是推动 BIM 在企业内部深度应用、行业内普遍推广的关键环节。所以专业人才的培养不可或缺，需要通过以下几个方面来解决：

1) 企业高层需要改变观念，意识到 BIM 对推进项目精细化管理、企业集约化运营起到至关重要的作用；

2) 做好前期沟通和引导工作，使相关人员认识到信息化价值以及对自己工作的帮助，让大部分员工接受信息化；

3) 阐述信息化对企业的价值，表明公司的决心，配套相关的行政命令；

4) 制定详细培训计划，分阶段进行，并配套相应的考核；

5) 意识好、接受度快的人先用起来，树立标杆并带动其他人一起使用。

缺乏能指导 BIM 实施的专家，成为推广 BIM 的第二大障碍，仅次于缺乏专业的 BIM 人才。更多的施工企业在软件与系统选型方面因此出现一定的失误，导致 BIM 实施的效果不佳。也就能理解，从 2011 年国内施工企业开始实践 BIM 到 2014 年，为何大家依然普遍认为，缺乏指导 BIM 实施的专家。

(2) 数据标准不统一

认为数据标准不统一是施工企业 BIM 应用严重障碍的占到 63%，仅次于缺乏专业人才及缺乏专家的指导。

当前，BIM 在国内很火爆，大家一拥而上，各自为政，主要还是缺乏统一的规范和指导，BIM 的数据标准已经成为大家普遍关注的焦点。

在新加坡、中国香港都有统一的 BIM 标准；在英国，也制定了 BIM 标准实施的五年计划，所以标准的制定，将促进市场更加健康有序的发展。

在国内，设计阶段的 BIM 与施工阶段的 BIM 还处于割裂阶段，设计院从设计优化、辅助出图的角度做 BIM，施工企业用 BIM 技术辅助施工图深化设计、虚拟施工指导，进行材料与成本的管控，设计 BIM 与施工的应用对模型的标准都不尽相同，故从国家层面，制定设计、施工、运维的统一交付标准，将显得至关重要。

据悉，2012 年 1 月，住房和城乡建设部《关于印发 2012 年工程建设标准规范制订修订计划的通知》宣告了中国 BIM 标准制定工作的正式启动，其中包含 5 项 BIM 相关标准：《建筑工程信息模型应用统一标准》、《建筑工程信息模型存储标准》、《建筑工程设计信息模型交付标准》、《建筑工程设计信息模型分类和编码标准》、《制造工业工程设计信息模型应用标准》。但至今未有突破性的成果出现。

地方政府也逐步启动关于 BIM 标准的制定，如北京地区《民用建筑信息模型设计标准》、上海地区出台 BIM 政策指导意见，即将启动标准的制定，若各地方政府结合本地实际情况梳理 BIM 标准，可能依然不能改变区域割裂、各自为政的局面。

对策：要推动设计、施工、运维阶段数据的打通，更多地需要寄希望于国产 BIM 软件厂商之间的合作以及市场竞争的自然选择。随 BIM 应用的广泛，市场会自然根据主流 BIM 软件厂商应用的数据标准来形成社会的事实标准。通过国家层面以事实标准为基础，通盘考虑，在此基础上深化与完善，最后形成国家标准，类似于国外 IFC 标准。这其中最关键的还是国家制定标准的时机以及充分尊重市场的选择，避免制定的标准成为鸡肋或者利益的产物。

（3）投入产出不高

目前国内 BIM 软件供应商以及 BIM 顾问团队如雨后春笋一般大量出现，而 BIM 产业也正处于起步阶段，缺少有效的市场规则和主管部门的监督管理，因此也造成了 BIM 软件供应商和服务商的质量水平参差不齐。企业一旦选择劣质的合作伙伴，将对企业上下 BIM 应用的信心和决心造成打击，投入直接费用不说，浪费的时间和人力成本是不可估量的。因此在前期选择 BIM 专业团队和软件供应商的时候必须慎重仔细。

对策：BIM 软件供应商和服务商的选择其实并不难，关键是找最合适企业的，而不是最好的，可以通过以下几点进行筛选：

1）分析企业需求，根据企业需求选择合适的 BIM 软件供应商和服务商；

2）选择成功案例多的 BIM 软件供应商和服务商，通过项目考察来检验应用成果的真实性；

3）通过项目试点，把失败风险控制在比较小的范围内；

4）制定详细的实施计划，分步实施，分步考核。

（4）未找到好的 BIM 解决方案

BIM 解决方案不是选最好的，而是选最合适的。俗话常说“外来和尚好念经”，很多企业都觉得国外的 BIM 一定是最好的 BIM，这种心理导致很多企业 BIM 实施不成功，甚至产生抗拒。但实际上，很多国外 BIM 软件做的是国际标准化产品，进入国内也是近几年，目前主要是集中在设计阶段，因此存在着对操作人员要求较高、操作难度大、建模效率不高、不适应中国本地计量、计价规范要求等问题。如没有办法按照国内的清单规则计算工程量、不能按照平法要求快速创建钢筋模型。

对策：积极与国内外具备提供 BIM 解决方案实力的 BIM 咨询团队接触，了解各种 BIM 解决方案的能力和局限性，重视和国内具备研发实力的 BIM 团队的沟通，国内的工程环境，包括技术层面的规范、标准和管理层面的文化、制度，这些要本土化做得好的 BIM 技术供应商更有优势。

（5）其他障碍

业主方无明确要求/无经费支持、BIM 的实施会改变现有流程和制度、软件操作难度大、中层阻力也成为推动BIM实施比较严重的障碍。

如认为业主方无明确要求/无经费支持，而无法推动BIM技术的应用，实质上属于对BIM的应用价值理解不深所致，从BIM应用实践总结来看，当前BIM已能够给施工企业带来巨大价值，如精细化材料管控、虚拟施工指导、成本管控等，带来成本、工期的节约、项目质量安全的提升等，若等到业主来主动推进BIM应用，施工企业将陷于被动。

而认为BIM的引入会改变现有流程与制度，是当前BIM应用障碍因素的说法也是偏颇的。就目前来说，BIM的发展还处于初级阶段，从发展初期就改变现有的流程与制度，是不太现实的。当前，比较常见的做法是从某一个点切入，如施工企业中，将某个项目作为BIM应用的试点，工程把BIM嵌入到项目的实施流程中，改善此前项目粗放式管控的方式，若项目试点完成，BIM已经发挥一定的价值，下一步可以成立企业BIM中心，在其他项目上推广的同时，梳理应用BIM的管理体系，逐渐将BIM融入到企业的现有流程和制度中，渗入式、渐进式的推进，成为更加可行的方式。

而认为软件操作难度大、效率低是BIM应用的主要障碍之一，明显属于软件选型的错误所致。选择Revit、Navisworks等软件实施BIM，投入大于产出的占比高达69%。

对策：业主方无明确要求/无经费支持，主要还是业内人士对BIM的认识不足，或受到行业对BIM负面评价的影响，诚然，BIM技术处于初级阶段，未能解决的问题还有很多，但实践证明，已经能给施工企业带来巨大价值，推动BIM技术应用的重要因素还是观念的改变。

2. 施工方BIM的常见问题

(1) 有超级的BIM软件平台吗?

超级的BIM软件平台就是：设计、施工、运维三大阶段通用，一个BIM软件平台将BIM应用打通项目管理三大阶段、全生命期。所以不会有超级BIM软件平台。

因为建筑工程和软件工程的本质决定了不会有这样的超级BIM软件平台，建筑工程项目的复杂度，项目实施的任务范围之广、任务种类之多，决定了BIM技术产业的格局是十分庞大且复杂的。

BIM技术在建筑全生命期的三大阶段很多环节上可为传统的工作助力。在三大阶段各有数十项、甚至数百项的应用，一个软件平台是不可能胜任的，若要有横跨这三大阶段，能够都发挥出作用的软件，其专业水平一定是非常之低的。

软件工程的本质决定，当一个软件为一个用户角色开发时，用户体验可以做到最好。当为多个角色应用开发时，软件用户体验将无法做好，软件将变得十分复杂，难用难学，升级进步慢，在市场上将毫无竞争力。

(2) 什么样的工程适合用BIM？

三边乃至多边工程，越大型越复杂的工程，工期越紧的工程，成本压力越大的工程，越应该用BIM技术。但由于很多施工企业用BIM技术，软件方案选错，建模效率低，比传统 手工处理技术问题还慢。这个问题，只要选择正确的BIM软件即可解决，要选用更本地化、更专业、更高效的BIM软件系统，比传统手工处理技术问题要快很多，BIM技术优势就发挥出来了，更快地理解设计方案，更快地发现技术问题，更快理出工程量数据，用于生产计划、备料、控制进度。

图纸不完备，如何用BIM技术。BIM中的M就是Modeling，意味着信息的创建本是一个动态的过程，不需要一步到位。BIM软件提供了一个高效动态增加、处理信息的平台，比传统方法要高效很多。

举例：1个楼层层高增加50cm，传统方法要将新的数十个工程量数据重新理出来，要很长周期（实际项目中往往按月计算），而在BIM软件里，只要调整1个层高参数，重新计算，可能是几分钟时间就调整好了，新的一套数据就出来了。

（3）BIM项目成功的概率有多大，存在哪些风险？

BIM项目，是"一把手"工程，如果企业最高管理者能够给予充分重视与支持，成功的概率就非常大了。能否成功，成功的概率有多大，存在哪些风险，有5个主要因素决定：1）企业最高管理者的支持力度；2）中层阻力的大小；3）BIM应用的流程集成优化是否成功；4）BIM团队的培养是否成功；5）选择的BIM咨询服务团队是否合适？

从数十个项目实施结果看，只要中层阻力解决好，都能成功，都能得到较大的投入产出。但如果BIM让工作量少了、效率高了、效益好了，中层阻力是完全可以克服的。

3. 施工方BIM其他常见问题

（1）如果设计阶段采用了BIM技术，那么施工阶段为什么还要使用BIM技术？

在建筑全生命期中，BIM技术的应用本身就分为三大阶段：设计、施工、运维。每一个阶段，都会有各自专业的应用，每个阶段的应用数量都会有数十项，甚至上百项。因此要充分发挥BIM技术在建筑全生命期中的价值，就要在各个阶段将BIM技术用好。像碰撞检测这项重要的应用，只在设计阶段应用就很不够。设计阶段的施工图方案还不够细，还要由施工方深化设计，还要考虑到施工偏差、施工措施。在设计阶段不可能解决掉所有的碰撞问题，因此这是一个建造过程持续细化的过程。当然，施工阶段的BIM专项应用就更多了，3年或5年后，至少会有上百项应用会研发出来，这些应用对追赶施工进度、提升质量安全管理水平，减少投资会有重要作用。

当前业主方应用BIM一个重要误区是方法论没有完全了解清楚，选用解决方案有误，致使BIM应用价值不够高。用1个软件、1个BIM技术团队从头打到尾。这是不科学的。一个BIM软件无法横跨三大阶段，处理好三个阶段这么多的应用。一个BIM技术团队也无法精通三大阶段的专业知识和上百项BIM应用，这是不现实的。合理的项目全过程应用BIM技术的方法是，三大阶段各自选用合适的BIM软件平台，设计、施工阶段各自聘用专业BIM技术团队实施，各阶段通过建立数据标准进行数据传递来承接上下游数据。

（2）BIM技术能带来价值，不知道能不能量化一下这个价值是多少？如能提高多少工期，节约多少成本等？

BIM技术肯定可以给项目、企业带来巨大价值。在实施项目案例中，当前BIM技术给施工单位创造了很多价值：1）精细化管理能力的提升；2）技术能力的提升；3）协同共享更流畅，提升了管 理效率；4）提前应用BIM技术，项目中标率的提升；5）品牌效应的塑造。具体量化的数据很难衡量，没有一个一般的标准，因为管理工具、信息化工具的应用价值，跟本身的管理效率也有关系。一般情况一下，根据实施的项目经验，可以加快进度10%左右，提高利润10%左右。

（3）施工单位利润不高，额外的BIM费用的支出，如何保证施工单位的效益？

应用BIM技术是创造利润，而不是分摊成本的。BIM技术的应用，目标是给项目创造额外的利润，在原先的利润基础上，很多企业的很多项目上甚至有5%～10%的效益空间可以利用BIM技术挖掘。再者，从公司整体高度来说，应用BIM技术会给公司带来管理精细化、品牌效益等方面的提升，这样的投入一定是物超所值。

（4）大家在应用BIM之后，BIM对公司的组织架构有没有冲击？

BIM应用更多的是嵌入企业管理流程，而不是对企业流程进行重组去适应BIM。因此对公司管理流程和组织架构不会有太大的影响。在企业总部，更多的是在技术中心或者其他职能部门下面建立BIM中心，专门负责BIM协调与管理。在项目上，有实力的企业可以单独设置BIM岗位，或者由其他管理人员兼任。因此目前情况来看，除了增加专职BIM人员或者机构外，其他人员更多的是使用BIM模型，因此对 公司组织架构不会有太大的冲击。但是，不可否认的是今后随着BIM普及度的提高以及应用的深入，BIM可能会对公司组织架构带来新的变化。

（四）项目案例

1. 大型复杂项目的BIM项目管理

（1）工程概况

大望京2号地××地块2号楼工程，总建筑面积124500m²，其中地上80000m²，地下45000m²。建筑高度为220m，地上40层，标准层层高为4.8m。该项目目标是建成一座高端品质的绿色生态建筑5A级现代化商务写字中心，并获得美国LEED铂金级认证与国内绿色施工示范工程。结构形式为圆钢管混凝土柱、钢梁框架-钢筋混凝土核心筒结构体系。建筑效果图如图5-1、图5-2所示。

图5-1　大望京2号地××地块2号楼工程效果图

图5-2　大望京2号地××地块2号楼工程结构模型图

(2) BIM 小组

1) BIM 小组成员及分工(表 5-1)

BIM 小组人员分工　　**表 5-1**

主要职责	人　员	主　要　工　作
BIM 小组组长	王××	BIM 工作总负责、总协调
BIM 小组副组长	彭×	土建专业模型创建与修改;BIM 小组土建专业日常管理工作,组织成员学习、应用
BIM 小组副组长	于×	机电专业模型创建与修改及各专业分包模型整合与协同;BIM 小组机电专业日常管理工作,组织成员对 BIM 机电知识学习
土建 BIM 工程师	王××	土建专业建模,族库的收集整理,并辅助项目宣传动画的制作,幕墙模型的管理
土建 BIM 工程师	蒋××	土建专业建模,汇报宣传等 PPT 的制作,项目宣传动画的制作
土建 BIM 工程师	李××	钢结构模型的管理,图片、视频效果处理,项目宣传动画的制作
土建 BIM 工程师	张×	土建专业建模,利用 Navisworks 对电子资料进行管理,辅助项目宣传动画的制作
土建 BIM 工程师	赵××	土建专业建模,收集设计变更、洽商等图纸问题,及时关联模型、更新模型
土建 BIM 工程师	周××、赵××	土建专业建模,各种软件的安装视频、教学视频的管理
土建 BIM 工程师	冯××	土建专业建模,对需要进行 3D 交底的分项工程绘制演示模型,对进度的管理
土建 BIM 工程师	张××	土建专业建模,推广 BIM 软件,将可视化模型移动到现场
机电 BIM 工程师	徐×、陈×	机电建模,配合机电专业 BIM 工作,对各种模型进行整合与协同

2) BIM 小组管理流程(图 5-3)

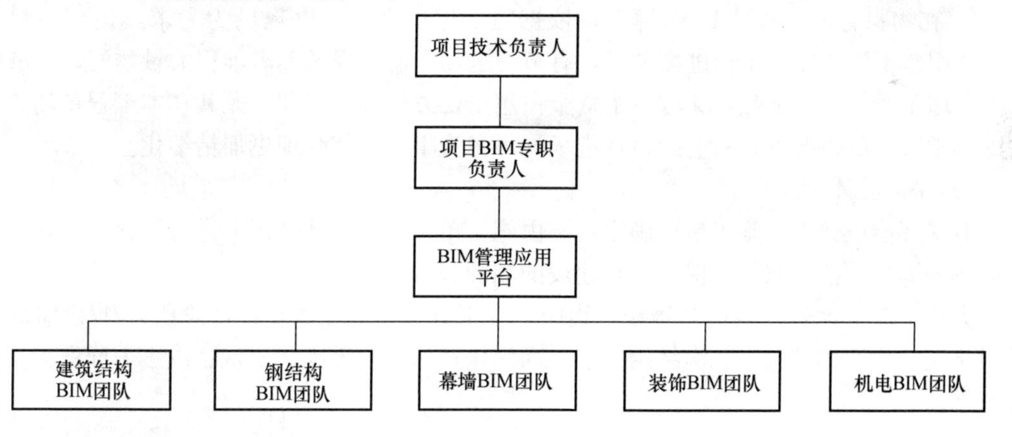

图 5-3　BIM 小组管理流程图

(3) 基于 BIM 技术的应用

1) 综合管线布置

在机电安装工程投标过程中,应业主方的要求,项目部的机电技术人员根据 CAD 机电专业图（给水排水、空调与通风、电气等）绘制了标准层和制冷机房的模型图，为业主方提供了更直观、可视的3D模型（图5-4、图5-5），并通过此次建模，发现了各专业的管线碰撞，为后期的机电安装减少了一定的困难。BIM建模的完美实施，早发现早解决施工过程中的问题，为投标工作的顺利进行提供了保障，最终获得了业主的好评。

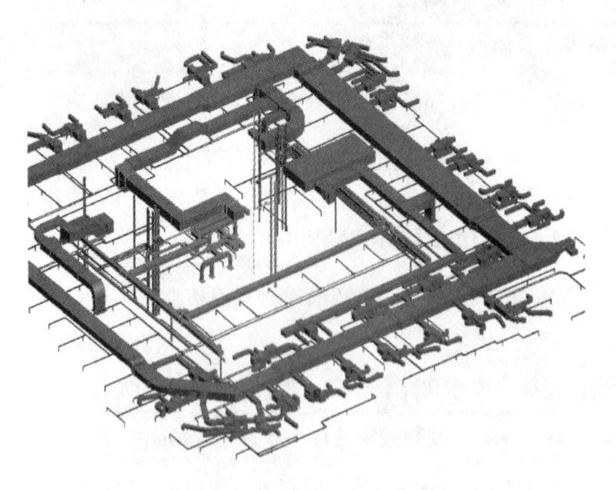

图5-4 标准层机电模型

图5-5 制冷机房机电模型

施工阶段的机电专业BIM应用也随着施工进度在有序进行，目前已有一定成果。

① 在前期的机电预留预埋过程中，施工人员通过对机电专业系统建模，保证了水暖套管的精确定位，避免了以往工程中在机电安装阶段发现套管预埋偏移等问题；同时也控制了电气专业各个线盒的暗埋和钢管的铺设，为后期机电安装的完美实施提供了前期保障。

② 在机电安装过程中，根据前期的建模更直观地理解机电整个大系统的组成，便于合理安排施工工序，同时通过BIM对机电系统进行深化、对管线进行碰撞检测，减少了各个子系统在安装过程中的互相冲突，从而减少了返工的麻烦。

③ 在物料管理中通过BIM模型，依据施工进度计划，以现场为需求，提出材料计划，组织施工物资按照工程进度需求，有节奏进场，使得现场不需堆积大量物资，既减少了工程施工对场地的依赖，又减少了资金占用量，方便现场管理。尤其在本工程现场施工用地非常紧张的情况下，物资的合理进场显得尤为重要，使管理更加精细化。

2）深化设计阶段

有些部位设计需在施工单位确定后，由施工单位在原设计基础上进行深化设计，将施工影响的因素提前克服，以保证工程建设的顺利进行。

大望京2号地××地块2号楼工程中，施工方项目部在深化设计阶段，利用BIM技术对土建结构、钢结构、二次结构等多方面深化，从施工进度、质量、成本方面取得了一定效果。

① 钢柱脚深化

在外框17根圆钢管柱柱脚施工时，柱脚与基础底板钢筋的连接也是由项目部利用BIM技术进行深化。在钢柱脚两个标高增加两层耳板，耳板分别分布在沿基础底板钢筋走向的四个方向，两层耳板顶部标高分别为基础底板双向钢筋的标高。由于外框17根钢管柱排布不规则，无法使用连接器或者开孔的方法。深化模型图见图5-6、图5-7、图5-8。

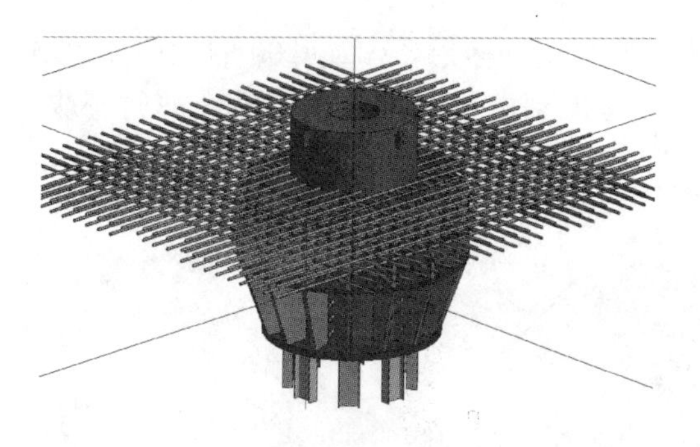

图5-6 钢柱脚深化

图5-7 钢柱脚深化

图5-8 钢柱脚耳板与钢筋位置关系

利用模型高效、准确地深化图纸，图纸得到设计、业主确认之后，提前发送钢结构加工，发送土建劳务进行钢筋放样，做好施工准备。模型导出图纸如图5-9、图5-10所示。

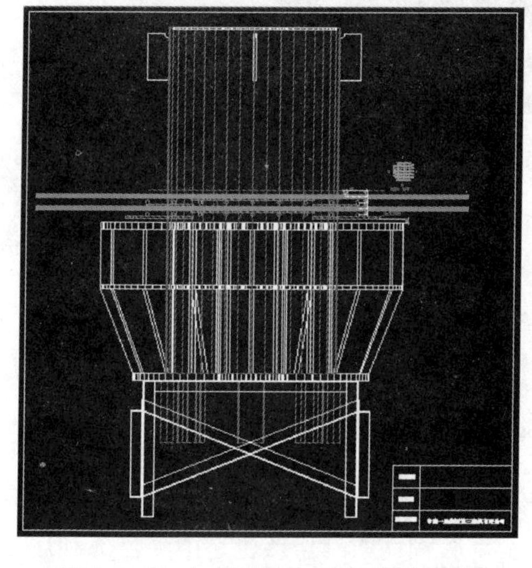

图5-9 Revit模型导出CAD深化图纸

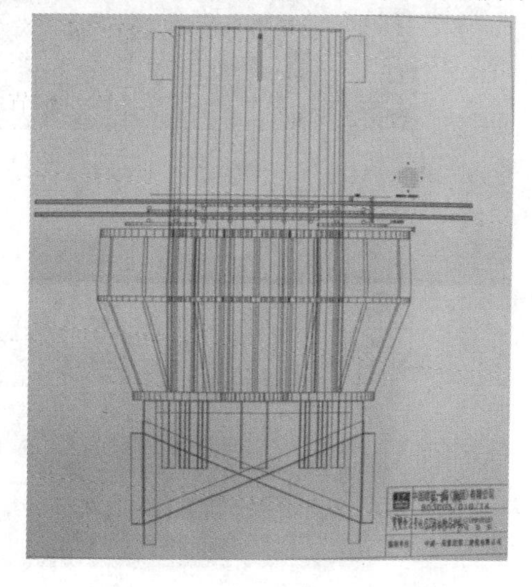

图5-10 确认后的深化图纸

② T1号、T2号、T3号电梯基坑钢筋深化

T1号、T2号、T3号电梯基坑在基础底板钢筋施工过程中，也利用BIM技术进行深

化。T1号、T2号、T3号电梯基坑坡度非常大，底板钢筋多层，ϕ32@200的钢筋在边坡排布非常密集，如图5-11所示。基于这种情况，考虑到电梯基坑角部钢筋会非常密集，导致钢筋保护层不够，无法浇筑，故提前利用BIM进行深化，对钢筋进行合理优化、合理排布。

图5-11 T3号电梯基坑钢筋分布图

利用BIM进行钢筋深化，采用环形箍，每隔一根钢筋做成封闭环形箍。可以通过模型精确获得环形箍钢筋搭接位置、长度。模型如图5-12、图5-13所示。

图5-12 T3号电梯基坑角部钢筋环形箍模型

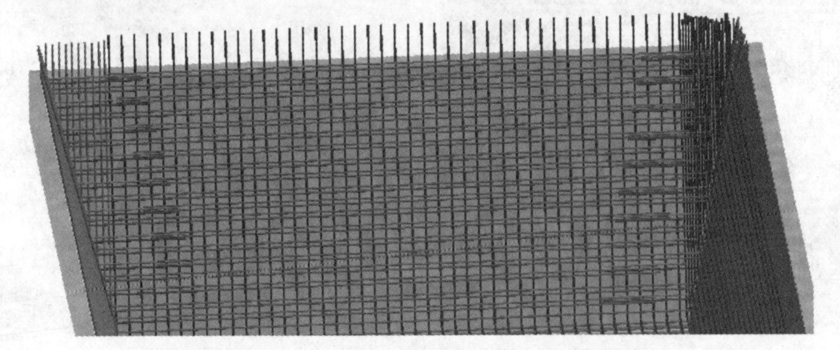

图5-13 T3号电梯基坑整体深化模型

③ 环梁深化

B5层～B3层，17根钢管柱与混凝土梁连接采用环梁，环梁钢筋节点由总包单位深化。深化主要考虑以下几点：

A. 环梁主筋、箍筋如何与周边已有的不同方向、不同标高的框架梁连接；

B. 如何与周边人防墙墙体及暗柱主筋避开冲突；

C. 钢管柱高抛混凝土浇筑时透气孔留设位置如何避开环梁，并靠近钢管内加劲板。

基于以上几点，经荷载计算，完成深化模型，如图 5-14 所示。

图 5-14　环梁深化模型

④ 二次结构深化设计

图纸中对于二次结构的描述一般多为文字叙述，例如图纸中明确写明，构造柱设置于转角处、端部、墙厚变化处，且不大于 4m 设置一个构造柱。门口设置抱框、门口上方设置过梁，层高超过 4m 设置圈梁等。多半采用文字描述，且施工只能依据建筑图进行施工。加之本工程精装修标准高，电梯为瑞士进口电梯，质量定位高，所以在施工中，二次结构墙体的施工质量要求特别高。通过 BIM 技术的应用，在二次结构深化中取得良好效果，解决了二次结构施工中多专业穿插施工的难题。二次砌筑 BIM 深化流程如图 5-15 所示。

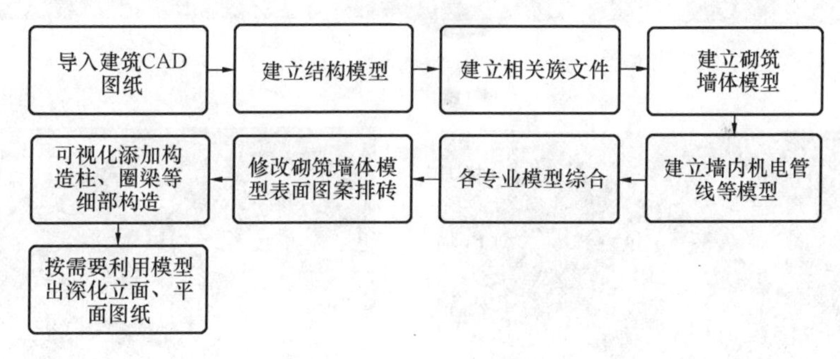

图 5-15　二次砌筑 BIM 深化流程

深化关键点为：

A. 建立砌筑相关结构模型；

B. 建立该层机电管线的综合排布，在进行与结构墙体的碰撞，确定留洞位置；

C. 修改砌筑墙体模型表面填充图案进行排砖；

D. 可视化环境添加构造柱、门洞口等细部构造。

深化结果如图 5-16、图 5-17、图 5-18、图 5-19 所示。

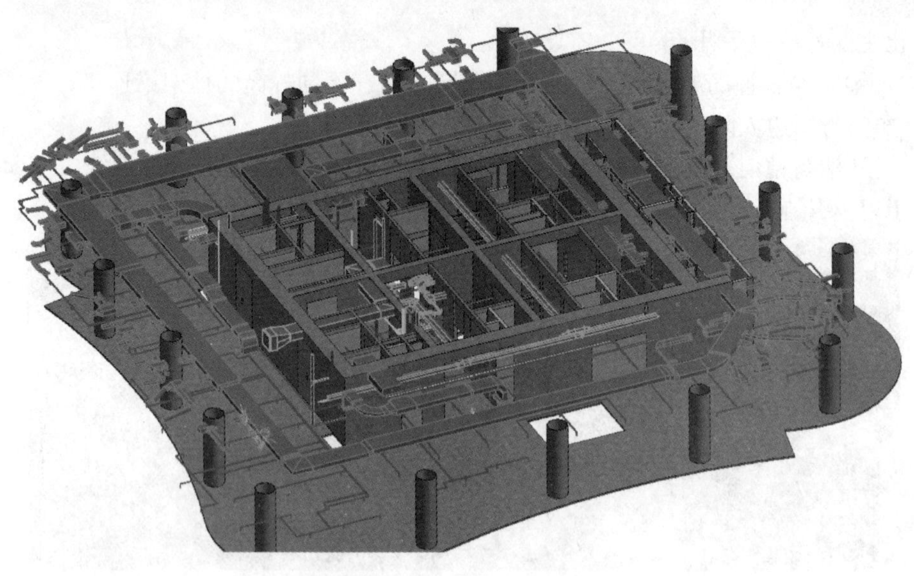

图 5-16　标准层各专业综合模型

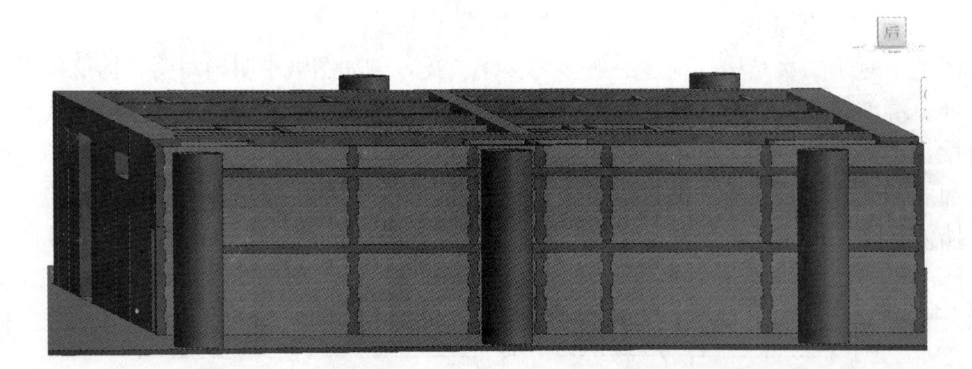

图 5-17　墙体立面排砖图

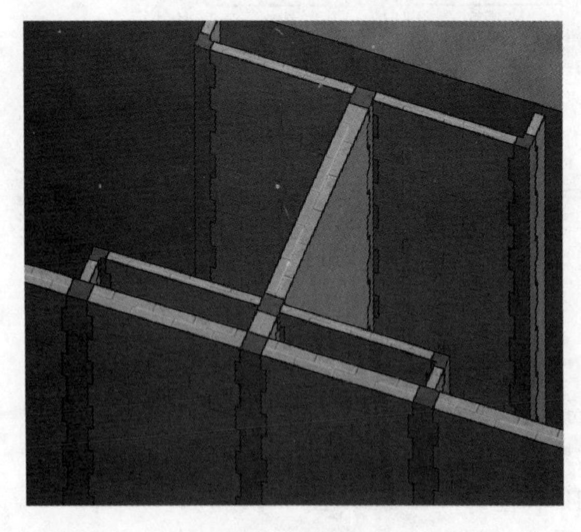

图 5-18　构造柱示意

图 5-19　电梯间隔梁布置

3）基于 BIM 技术的施工组织设计

目前，就 BIM 技术的应用，BIM 模型常用于工程建设中开始时段的投标阶段，本项目在工程施工前，利用已建好的该工程 3D 模型，对工程的重点、难点进行分析，制定切实可行的施工组织对策，确定方案、编写进度计划、划分流水段、配置资源，提前对工程的全程有所了解，提高了项目的决策效率和精准度，降低了决策风险。施工组织设计应用如图 5-20、图 5-21、图 5-22、图 5-23、图 5-24、图 5-25 所示。

图 5-20 爬模工程

图 5-21 钢管混凝土工程

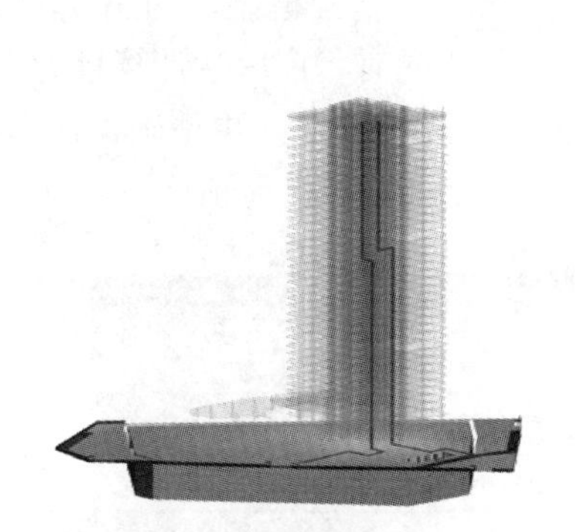

图 5-22 超高层泵送

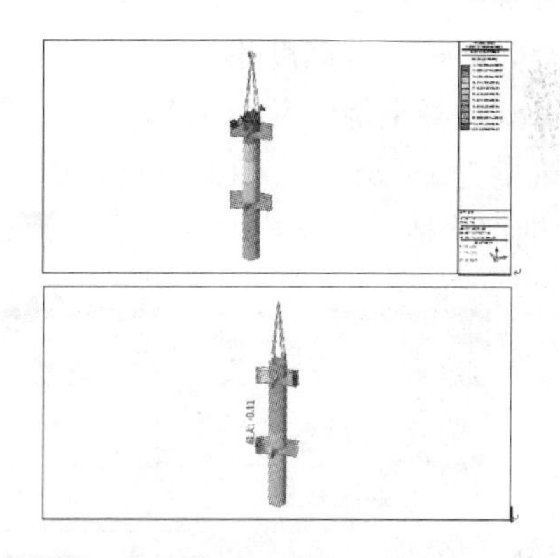

图 5-23 钢构件吊装

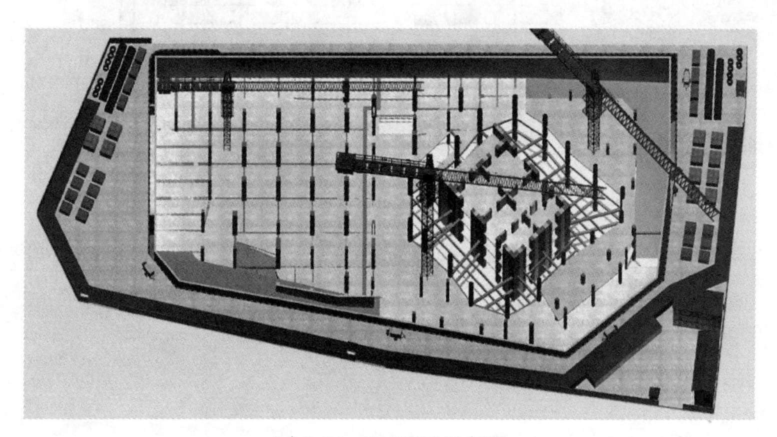

图 5-24 地下平面布置

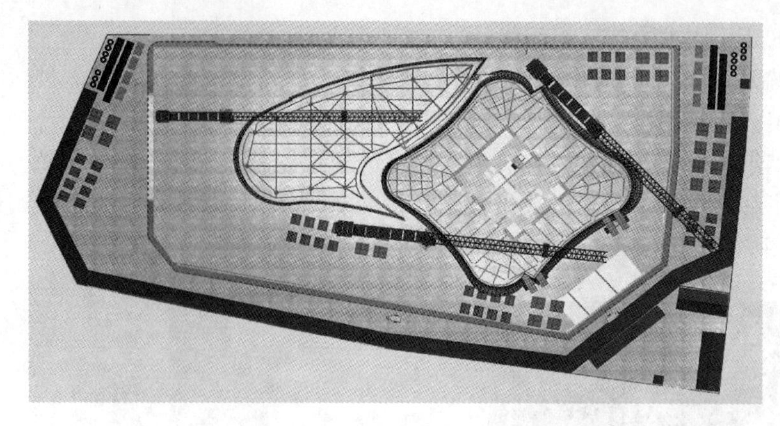

图 5-25　地上平面布置图

4）基于BIM技术的商务管理

利用丰富数据信息的BIM建筑模型，运用图形算量、钢筋翻样等软件，结合模拟的工程进度，对工程进行概预算，使工程概预算变得快捷准确。能够快速、精确地获取工程的瞬间成本是BIM技术在商务管理中的最好应用。

主楼基础底板厚度2.6m，最厚处达13m，一次浇筑量约14000m³。基础底板上集水坑、柱基坑等细部构造多、异性结构多。采用广联达无法精确计算细部异性构造，采用人工手算花费时间长、准确度不高。BIM小组基于前期已有基础模型，利用模型导出明细表，快速得到混凝土浇筑量为13718m³（图5-26）。与此同时，广联达计算量为13965m³，而实际浇筑量为13735m³。由此可见，BIM模型提供数据较广联达更精确，这是由于Revit在处理细部构造上优于广联达。通过模型提供量，能很好地提前预控浇筑量。

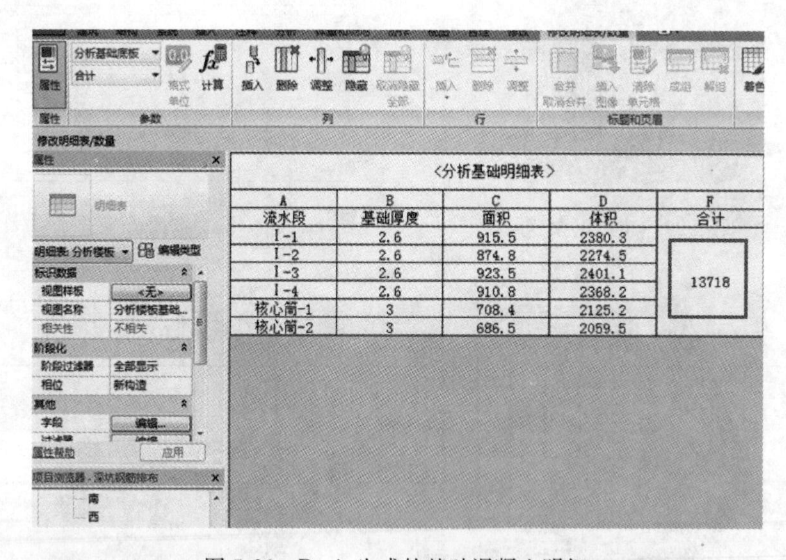

<分析基础明细表>

A	B	C	D	F
流水段	基础厚度	面积	体积	合计
Ⅰ-1	2.6	915.5	2380.3	13718
Ⅰ-2	2.6	874.8	2274.5	
Ⅰ-3	2.6	923.5	2401.1	
Ⅰ-4	2.6	910.8	2368.2	
核心筒-1	3	708.4	2125.2	
核心筒-2	3	686.5	2059.5	

图 5-26　Revit生成的基础混凝土明细

5）基于BIM技术的技术管理

① 三维交底

采用BIM模型进行三维交底，使管理、操作人员可以直观地了解工作内容、作业工序要求，管理层可以准确地进行管理策划、任务下达，操作层可以直观地了解即将作业内容，使操作人员准确地进行施工，避免拆改现象发生。本工程中的人防、坡道等结构施工，对钢筋、模板支撑体系等进行三维交底。如图 5-27、图 5-28 所示。

图 5-27　3 号汽车坡道高大支撑体系

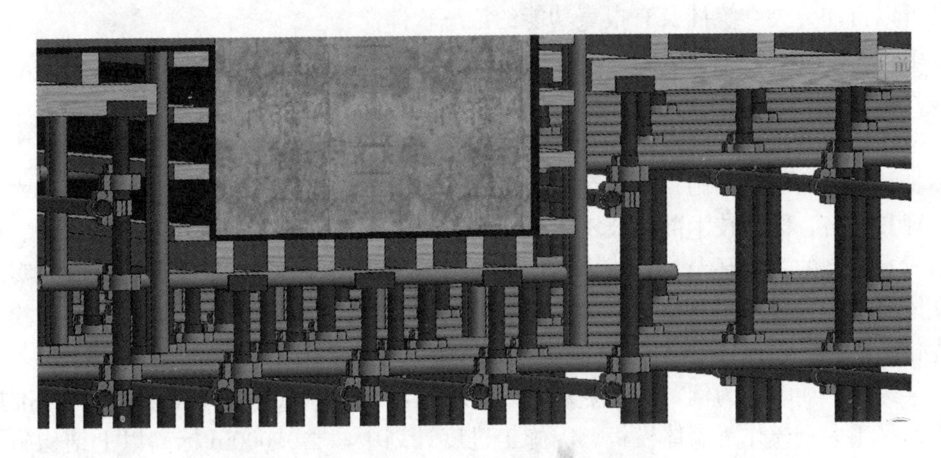

图 5-28　3 号汽车坡道细部模型

② 资料管理

利用 Navisworks 软件将模型与相关电子版资料链接，快速查询文件资料内容以及纸质资料存放位置。将资料电子化、系统化，能快速搜索分析，避免工程资料遗失。如图 5-29 所示。

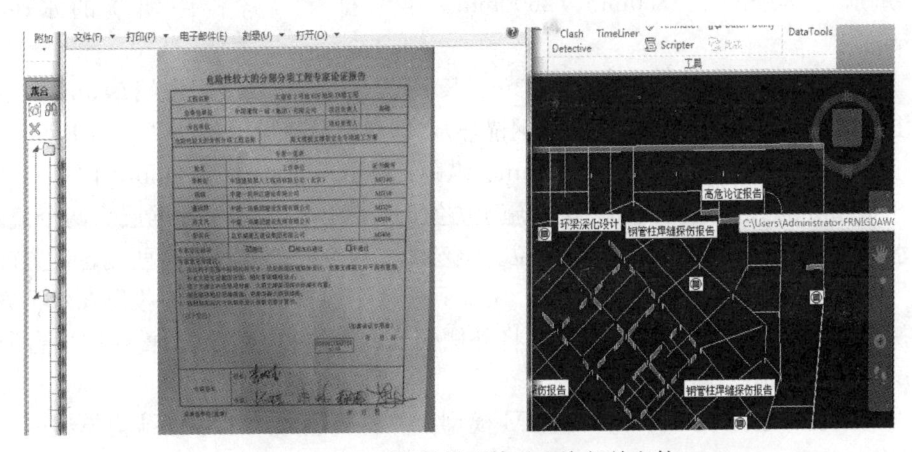

图 5-29　通过构件模型快速查询相关文件

(4) 运用BIM技术的体会

1) 收获

理想状态下的多专业协同设计，需将施工单位的施工任务提前移至设计阶段，这样将设计能力强的单位与施工能力强的单位进行有效结合、优势互补，并由这两个单位共同建立BIM模型，能更好地指导工程实践。

在商务管理方面，运用BIM技术发现，目前所使用的软件对于混凝土、墙面装修等工程量计算比较准确，但对钢筋等工程量计算有6%～8%左右的偏差。这要求钢筋算量时，建模人员不仅需要熟悉规范，同时还要根据工程实际情况，能够准确地将规范相关要求在模型中以规则形式反映出来。

2) 改进

通过实际运用，发现目前运用于商务管理方面的配套软件还不够完善，有待编制一款在后台可以自动分类、统计及有报表功能的汇总软件。

2. 住宅项目BIM项目管理

(1) 利用BIM技术优化施工技术方案

一个建筑工程从开工到竣工，大到钢筋模板混凝土施工，小到某个节点某项施工工艺的具体步骤，可能需要编制几十甚至上百个施工方案。优化施工方案，将使施工技术方案更为合理和经济，既是技术部在技术管理中的重要工作，也是施工阶段的安全保证、质量保证和成本控制的主要环节。而BIM模型的3D立体演示，可以展示建筑构件的实际情况，立体反映各构件的相对位置、大小等。3D模型结合方案优化，可进行方案体检、论证和优化。

以某医院二期工程为例，1号楼为剪力墙结构，地下3层，地上14层，因标准层结构对称而采用大钢模作为墙体模板。因施工进度计划中，±0.000m标高以上结构施工时无法完成肥槽回填，从而采用型钢悬挑式脚手架与悬挑式卸料平台以满足施工及楼上倒料需要。

根据标准层结构的特性，拟定大钢模、悬挑式卸料平台、型钢悬挑式脚手架的部分参数如下：

1) 大钢模（参数为与厂家协商确定）：穿墙螺栓孔为3排，与结构面垂直距离（从低到高）分别为300mm、1350mm、2600mm。第一排穿墙螺栓距墙端的水平距离为150mm。

2) 悬挑式卸料平台（图5-30）：宽3m、长6m（悬挑4.5m、固定端1.5m），钢丝绳固定在上部结构梁顶（梁顶预埋ϕ25圆钢锚环），卸料平台搭设模型如图5-31所示。

3) 型钢悬挑式脚手架：横距1050mm、纵距1500mm、步距1500mm，内排立杆距结构外墙300mm。在编制悬挑式卸料平台施工方案时，考虑到1号楼标准层为两个流水段，每个流水段预留一个卸料平台的搭设部位。钢丝绳按规范要求需在平台两侧各设置前后两道，且吊点的受力钢丝绳均须独立设置。考虑到要减小斜拉钢丝绳轴力投影在水平方向上的力，初步选择图5-30中的搭设方式，将外侧钢丝绳（主绳）吊点设置在比平台所在楼层高两层的结构梁顶。

根据方案设计建立了卸料平台的BIM模型，并将模型放入1号楼结构模型内。通过3D模型检查（图5-31），发现钢丝绳斜拉位置极有可能会碰到悬挑脚手架体的大横杆。因

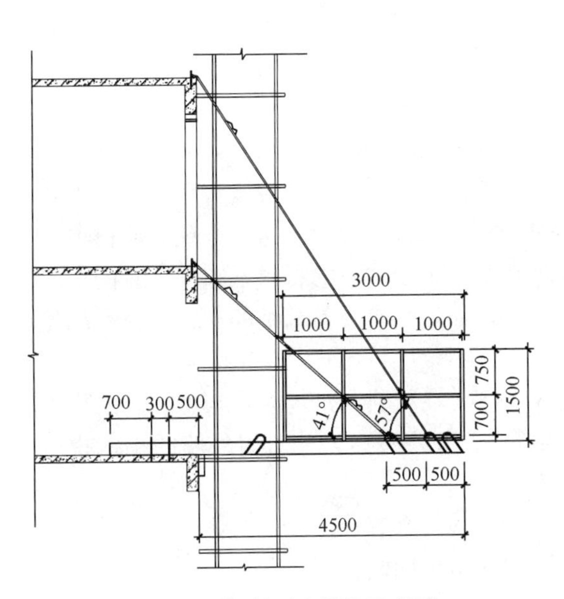

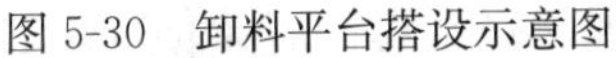
图 5-30　卸料平台搭设示意图

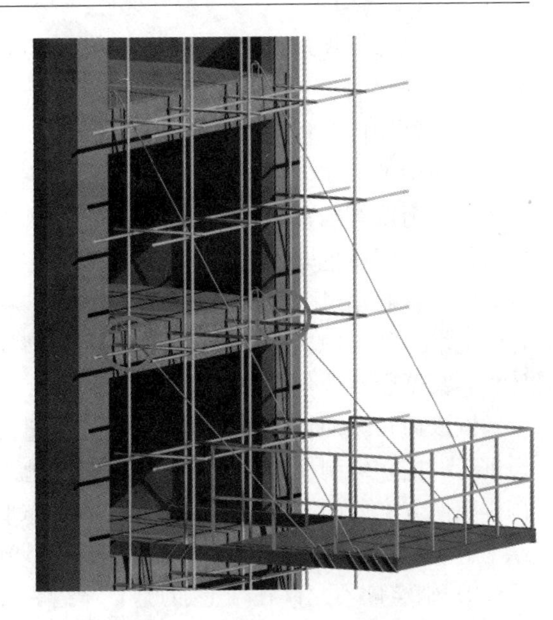
图 5-31　卸料平台搭设模型图

为保证竖向结构的大钢模合模的施工便利，脚手架步距设计为 1.5m，离每层结构面标高最近的大横杆位置在结构面以下 20cm，这个位置恰好在内侧钢丝绳的穿越路径上。若卸料平台上施加荷载，钢丝绳将会有向下的位移，将荷载传递到悬挑架，带来很大的安全隐患。

通过观察大钢模的 BIM 施工模拟，发现卸料平台两侧暗柱边 15cm 处各有一竖排大钢模穿墙孔，若利用此穿墙孔设置吊环，不仅能省去预埋吊环的步骤，还能避免钢丝绳和悬挑架的相互影响。根据此想法建立 BIM 模型并模拟了搭设过程，验证了此方案的可行性。

同样，在编制《临时建筑施工方案》时，也对施工场区临设布置进行了 BIM 建模（图 5-32）。因为施工前对现场机械等施工资源进行合理的布置尤为重要。利用 BIM 模型的可视性进行三维立体施工规划，可以更轻松、准确地进行施工布置策划，解决二维施工场地布置中难以避免的问题，如：该项目二期加工场区道路比较狭窄，钢筋运输车辆较长，因而往往出现道路的转弯半径不够的状况；施工现场 5 栋楼及地下车库同时施工，施工现场需布置 3 个塔吊同时作业，因塔吊旋转半径不足而造成的施工碰撞也屡屡发生。

对施工场地进行科学的三维立体规划，包括生活区、钢结构加工区、材料仓库、现场

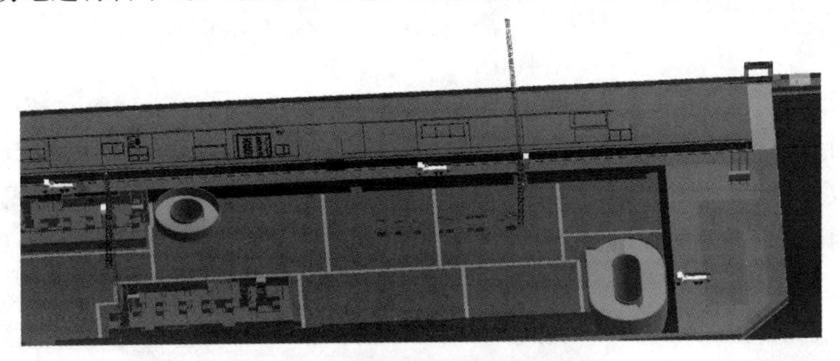
图 5-32　施工场区平面布置模型

材料堆放场地、现场道路等的布置，可以直观反映施工现场情况，减少施工用地、保证现场运输道路畅通、方便施工人员的管理，有效避免二次搬运及事故的发生。

（2）非实体工程的BIM应用

工程中的非实体用量计算比较复杂，它涉及到方案的精确性、技术交底的准确性以及现场管控力度等因素，我们往往只是根据施工方案粗糙地计算出一个大概数字。而作为总包单位，为了避免耽误工期，还要遵循“宁多勿少”的原则去提料。这2个现象使得项目在非实体材料用量上很难进行有效的控制，有时甚至会出现“有的材料不够用，有的材料超量乱堆”的局面。抛开闲置材料的租赁费用不说，如果没有一份精细的方案与材料用量计划，甚至会被分包牵着鼻子走。

以该项目二期地下室墙体小钢模工程量统计为例。在材料未进场时，与施工队的班组长进行讨论，编制模板施工方案，对整个地下室进行BIM建模，并对内外墙的小钢模进行排版。方案明确不同类型墙体的基本排布形式为：

1）内墙的穿墙螺栓可以回收，需要在墙内增加PVC套管；

2）临空墙不允许在墙上加PVC套管，穿墙螺栓不可回收；

3）外墙不允许在墙上加PVC套管，穿墙螺栓带止水片且不可回收，但穿墙螺栓端部两节及锥体可回收；

4）墙体阳角及阴角处需要用相应的阳角模与阴角模；

5）墙体端头及阴阳角处需要排布一列100mm宽的小钢模（只有100mm宽的带穿墙螺栓）；

6）排版时尽量使用较宽的小钢模（因为小钢模的租赁费用是按块计算租金，同时使用较宽的小钢模也会减少工人工作量，变相加快了施工进度）。

首先，根据以上6点规则，绘制平面排版图，根据层高可以计算出小钢模的使用总量（图5-33）。但因为绘制出所有墙体的工作量实在太大，挑选了部分范围内具有代表特性

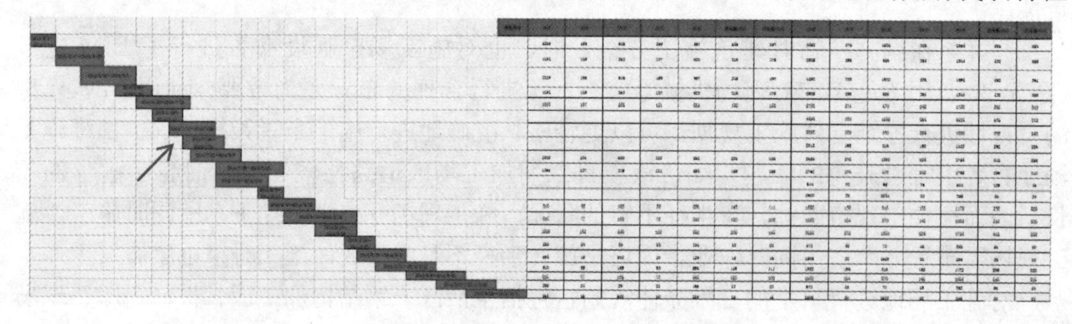

图5-33　各流水段墙体的小钢模使用量

的墙体进行排版统计。比如地下3层外墙总长1200m，选择了一段能包含其他部位特性的200m外墙进行排版，然后利用CAD统计出各型号小钢模用量，得到每米范围内不同型号小钢模的数量比$\lambda_{外墙}$，用$\lambda_{外墙}$乘以各流水段外墙长度，就能较为准确地得到各流水段外墙的小钢模使用量。同理，内墙也可按这样的方式排版计算得出系数$\lambda_{内墙}$（不过需要把临空墙单独统计出来，以便计算穿墙螺栓的消耗量）。将计算得出的各流水段的小钢模材料用量与施工进度计划相关联，便能够合理地分批安排小钢模进退场，小钢模、穿墙螺栓等也能排出明确的周转计划（图5-34）。

		模板型号														1.2m长穿墙螺栓	PVC套管
		1012	1512	2012	3012	6012	阴角膜1512	阳角膜1012	1015	1515	2015	3015	6015	阴角膜1515	阳角膜1015	根数	长度（m）
2014/5/3	进场	2225	189	916	169	997	246	197	4450	378	1832	338	1994	492	394	3348	60278
2014/5/26	进场	1464	149	263	127	922	216	179	2928	298	526	254	1844	432	358		
2014/7/10	进场								2328	232	396	224	1538	398	248		
2014/8/31	退场	622	163	-346	160	702	194	192	3572	558	-296	544	2942	786	632		
2014/9/5	退场	918	41	532	19	306	57	38	1836	82	1064	38	612	114	76		
2014/9/25	退场	2149	134	993	117	911	211	146	4298	268	1986	234	1822	422	292		

图 5-34　小钢模进退场计划

同时，BIM 模型也可用于对施工队伍的交底，从三维的视角去理解新材料、新工艺的操作及应用方式。例如该项目二期工程地上标准层拟采用“键槽式”脚手架模板支撑体系。利用建模软件对新的脚手架系统建模（图 5-35），并利用 3D 模型向施工队伍进行交底。

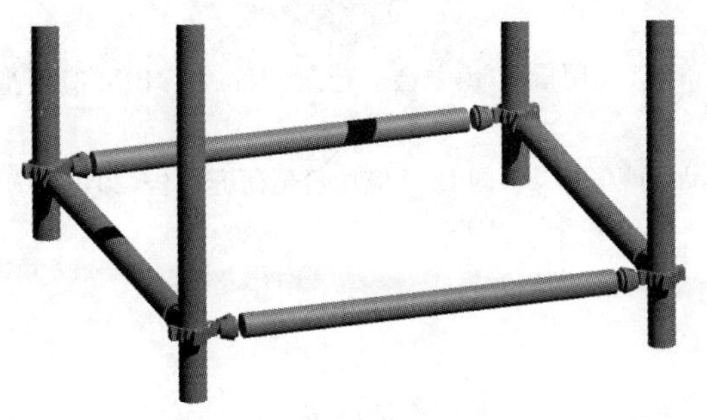

图 5-35　键槽式脚手架模型

参　考　文　献

1. 贺灵童. BIM在全球的应用现状[J]. 工程质量，2013，3：12-19.

2. 本书编委会编. 中国建筑施工行业信息化发展报告(2014)BIM应用与发展[M]. 北京：中国城市出版社，2014.

3. 上海市建筑施工行业协会和上海鲁班企业管理咨询有限公司. 2014年度施工企业BIM技术应用现状研究报告[R].

4. Stephen A. Jones，Harvey M. Bernstein. 中国BIM应用价值研究报告(2015)[R]. Smart Market研究报告，2015.

5. 中建《建筑工程施工BIM应用指南》编委会. 建筑工程施工BIM应用指南[M]. 北京：中国建筑工业出版社，2014.

6. 黄强. 实现BIM山路崎岖——《中国BIM应用价值研究报告(2015)》读后感，2015.